应用文写作

（第3版）

主　　编　张颖梅　于继国
副 主 编　李雪梅　杜松保
编写人员　（排名不分先后）
　　　　　　李政坤　赵玉侠　高　媛
　　　　　　李咏红　张可欣　贾若钰

北京理工大学出版社
BEIJING INSTITUTE OF TECHNOLOGY PRESS

★ 内容提要 ★

本书选取 32 个常用应用文种并组合为 8 个学习项目，每个项目安排 4 个学习任务，每个任务均设置了：

情境导入　例文借鉴　知识链接　写作导引　任务实施　巩固练习

6 个环节，以帮助学生掌握相关文种的写作知识与技能。全书在编排设计方面一是体现"项目化、情境性、任务式"等特点，二是突出"德能并重、德技同修"，恰当融入传统文化、工匠精神、创新创业、劳动教育等内容，落实课程思政目标。书中项目、任务无硬性顺序规定，可自由选学，灵活组合。

版权专有　侵权必究

图书在版编目（CIP）数据

应用文写作 / 张颖梅，于继国主编 .--3 版 .-- 北京：北京理工大学出版社，2023.4（2024.1 重印）
ISBN 978-7-5763-2346-7

Ⅰ.①应… Ⅱ.①张…②于… Ⅲ.①汉语–应用文–写作 Ⅳ.① H152.3

中国版本图书馆 CIP 数据核字（2023）第 081067 号

责任编辑：李慧智　　**文案编辑**：李慧智
责任校对：周瑞红　　**责任印制**：边心超

出版发行 /	北京理工大学出版社有限责任公司
社　　址 /	北京市丰台区四合庄路 6 号
邮　　编 /	100070
电　　话 /	（010）68914026（教材售后服务热线）
	（010）68944437（课件资源服务热线）
网　　址 /	http://www.bitpress.com.cn
版 印 次 /	2024 年 1 月第 3 版第 2 次印刷
印　　刷 /	定州市新华印刷有限公司
开　　本 /	889 mm × 1194 mm　1/16
印　　张 /	12.5
字　　数 /	264 千字
定　　价 /	39.00 元

图书出现印装质量问题，请拨打售后服务热线，负责调换

前 言

党的二十大报告提出："统筹职业教育、高等教育、继续教育协同创新，推进职普融通、产教融合、科教融汇，优化职业教育类型定位。"新职业教育法明确了职业教育是与普通教育具有同等重要地位的教育类型，职业教育具有与普通教育一样的类型属性，成为"技能中国"建设的重要人才培养载体，是培养多样化人才、传承技术技能、促进就业创业的重要途径。应用文写作是广大中职学生在日常学习和将来工作中的一项必备素养与关键能力。

本书基于中职生的学情现状及学习需求，并结合教育部颁布的《中等职业学校语文课程标准（2020 年版）》中的相关要求，精心选取了学生在校园活动、职场生涯及社会生活中常用的 32 个应用文种，将其组合为"业精于勤夯基础、进德修业求进步、校园社团练才艺、敦亲睦邻促和谐、热心公益助社区、岗位实习强技能、初入职场试牛刀、历练有成展风采"等 8 个学习项目。每个项目各安排了 4 个学习任务，每一学习任务均编排了"情境导入、例文借鉴、知识链接、写作导引、任务实施、巩固练习"等 6 个环节，并力求体现情境激"趣"、指导务"实"、练习求"精"的原则，帮助学生在任务驱动式学习过程中具体掌握相关文种的写作知识与技能。同时，每个学习任务的后面附有"微拓展"内容，或是相关文体起源的拓展介绍，或是对该文体应用形式的补充展示，或是与任务中文体有关的职场故事，或是与文体内涵有关的名言警句……其内容形式灵活多样，不拘一格，以开阔视野、启发思考为目的，供学生自读。本书在每个学习项目后面均附有学习质量评价表，可供学生进行自我评价，反思学习中的收获与不足。全书的最后还附有常用公文的种类及例文，以帮助学生了解有关公文的格式特点、内容要点。

"项目化、情境性、任务式"是全书在结构设计与内容编排方面的一个突出特点。全书通过接轨实际的项目、贴近生活的情境与明确具体的任务，引导学生进行书面表达的语言实践。学生经由模仿借鉴、写作导引、个人思考或小组合作领悟文种特点、写作要点，在任务实施、巩固练习的训练过程中提高语言文字的表达能力。须稍作说明的是，本书虽然在结构上安排了 8 个项目，每个项目各自包括 4 个任务；但项目之间并无硬性的顺序规定，每个项目中 4 个文种的前后安排也并非完全固定。在实际使用中，师生可以根据实际需求自由搭配、重构组合或者有所取舍、灵活选学。

"德能并重、德技同修"是本教材的另一个特点，即在情境导入、例文借鉴、任务实施、巩固练习以及任务后面的"微拓展"中，相机渗透课程思政内容，自然融入有关传统文化、工匠精神、创新创业、劳动教育等方面的内容，在帮助学生掌握应用写作专项技能的同时，引导学生深入感悟和体会正能量，发挥教材立德树人的作用。

本书由张颖梅、于继国担任主编，李雪梅、杜松保担任副主编，李政坤、赵玉侠、高媛、李咏红、张可欣、贾若钰参加编写。

为便于一线师生的使用，本教材配套开发了电子教案、教学课件、视频、微课、习题答案或提示、检测试卷及答案等教学资源。

本书在编写过程中，参考了一些相关的文献资料，在此一并表示感谢。受编者水平所限，本书难免有疏漏之处，恳请专家、学者及广大读者批评指正。

编　者

CONTENTS 目录

青青校园篇 /001

项目一 业精于勤夯基础 001
- 任务 1 制订计划 002
- 任务 2 写读书笔记 007
- 任务 3 准备演讲稿 013
- 任务 4 撰写总结 018
- 项目一学习评价 022

项目二 进德修业求进步 023
- 任务 1 写申请书 024
- 任务 2 写感谢信 028
- 任务 3 编辑广播稿 034
- 任务 4 拟写简报 038
- 项目二学习评价 042

项目三 校园社团练才艺 043
- 任务 1 撰写活动方案 044
- 任务 2 拟写通知 050
- 任务 3 编辑海报 057
- 任务 4 写新媒体宣传稿 060
- 项目三学习评价 064

多彩生活篇 /065

项目四 敦亲睦邻促和谐 065
- 任务 1 写请柬 066
- 任务 2 拟启事 070

任务3　制单据 074
　　任务4　修家书 078
　　项目四学习评价 082

项目五　热心公益助社区 083
　　任务1　出具证明信 084
　　任务2　拟写倡议书 088
　　任务3　起草公约 093
　　任务4　写慰问信 097
　　项目五学习评价 102

魅力职场篇 /103

项目六　岗位实习强技能 103
　　任务1　读懂实习协议 104
　　任务2　写实习日志 112
　　任务3　做会议记录 118
　　任务4　撰写实习报告 124
　　项目六学习评价 130

项目七　初入职场试牛刀 131
　　任务1　制作求职简历 132
　　任务2　读懂劳动合同 138
　　任务3　设计调查问卷 143
　　任务4　起草广告文案 148
　　项目七学习评价 155

项目八　历练有成展风采 156
　　任务1　开具介绍信 157
　　任务2　起草合作意向书 163
　　任务3　编发会议纪要 169
　　任务4　拟写活动策划书 175
　　项目八学习评价 182

附录：　常用公文种类及例文 183
参考文献 194

青青校园篇

项目一 业精于勤夯基础

青春易逝，时不我待。合理规划自己的青春岁月，谱就绚丽多彩的生活乐章，编织五彩斑斓的梦想，是每一名新时代职校生须用心做好的事情。作为一名有担当、有理想的追梦人，让我们和职校生闫坤一起，同努力共进步，并近距离观察：他是如何合理做好计划、科学规划未来；又是如何深入学习、记好读书笔记；继而站在学校操场的主席台上，在庄严的国旗下慷慨激昂、热情演讲；后又通过反思总结、提高综合能力，展示新时代职校生风采的。

学习目标

素质提升
1. 养成事前善计划、事后会总结的优良习惯。
2. 培养热爱读书的好习惯，形成勤于读书、善于思考的自觉意识，积累阅读书籍的方法与技巧。
3. 锻炼向他人表达自己见解的能力，敢于在公众场合演讲。

必备知识与关键能力
1. 掌握计划的格式特点及写作要求，能制订出目标明确、内容合理、可行性强的学习或工作计划。
2. 了解读书笔记的文体特点和写作形式，能写出摘要式、评注式、心得式等常见形式的读书笔记。
3. 了解演讲稿的种类和特征，能写作主题鲜明、条理清晰、有感染力的演讲稿。
4. 掌握总结的格式特点及写作要求，能撰写全面客观、内容充实的学习或活动总结。

任务1 制订计划

情境导入 >>>>

开学伊始，班主任李老师就找到闫坤，充满关切地问他，在新的学期有什么打算。闫坤想了想，说出了心中考虑许久的愿望——他想加入学校的专业技能队，希望有机会参加一年一度的全市技能大赛，更希望能过关斩将拔得头筹，冲入省赛摘金夺银。

李老师对他的想法表示支持，并鼓励他说："有目标非常好，有志者事竟成。我可以帮你问问技能队的辅导老师。但是没有金刚钻，揽不了瓷器活。你首先得练好专业技能，起码在班里名列前茅，才有可能参加学校选拔。不过也不用太着急，凡事预则立，机会总是会垂青有准备的人，你先列个训练计划，要周密细致、切实可行，争取短期内把成绩提上来。"

班主任的一席话，让闫坤增强了信心，也让他有了盼头。闫坤暗下决心，一定要实现自己的目标，当务之急是先按班主任的建议练好技能。怎样才能制订出比较合理的计划呢？他决定找份比较实用的计划参考参考，再对照自己的专业列出适合自己的计划。

例文借鉴 >>>>

四季春大酒店前厅新进员工培训计划

为提高我店前厅岗位新进员工的专业素质和服务水平，帮助他们在短期内熟悉业务，达到上岗要求，特制订如下培训计划。

一、培训目标

通过规章制度和业务知识学习，促使新进员工熟练掌握岗位工作要求和操作规程；通过业务流程学习和业务技能培训，促使新进员工基本具备优秀服务人员的职业素养；通过模拟训练和岗位实践，促使新进员工树立爱岗敬业精神，增强团结协作意识，认同酒店管理和服务理念，共同维护四季春大酒店服务品牌。

二、培训内容与时间安排

培训时间	培训内容
第1周 （7月4—10日）	1. 前台工作职责。 2. 房间价格及各类折扣、优惠以及折扣权限。 3. 前台各类通知、报告、表格及记录本使用要求。 4. 商务客房类型及楼层分布。 5. 各种业务用语、系统代码和付款方式。 6. 前台所配设施设备的使用方法

续表

培训时间	培训内容
第 2 周 （7 月 11—17 日）	1. 前台日常操作流程、前台礼貌服务规范和交接班程序。 2. 订房及订房的更改、取消程序，以及特殊折扣订房的处理方法。 3. 前台推介客房技巧。 4. VIP 接待程序、订房及入住程序。 5. 上机进行电脑模拟操作，包括入住、退房、预定等
第 3 周 （7 月 18—24 日）	1. 更改房间价格程序。 2. 客房升级的规定及标准。 3. 入住登记程序与结账退房程序。 4. 团体入住及结账程序。 5. 查看住客房的程序。 6. 调换房间的程序。 7. 补单的跟进程序。 8. 接受客人留言、寄存物品等服务项目的程序。 9. 各类常用结算方法
第 4 周 （7 月 25—31 日）	1. 主管带领受训员工边培训边实践。 2. 对受训员工进行培训内容考核，分为书面答卷、上机模拟与实际操作。 3. 受训员工针对培训过程与效果进行个人总结

注：第 1 周的培训地点安排在本店第一会议室，其后的培训地点根据具体安排再另行通知

三、培训要求

1. 每天上午培训时间是 8：30—11：30，下午培训时间是 2：00—5：00。所有参加培训的人员要按时出勤，不得无故缺席。

2. 参加培训人员应端正态度，自觉遵守纪律，认真记录学习要点；积极动手，刻苦训练，熟练掌握岗位技能。

3. 理论考试与技能考核成绩均达到及格线以上视为培训合格，并将成绩计入个人档案。培训成绩不合格的将暂缓上岗，待补测合格后方准上岗。

4. 培训活动结束后，每位参加培训的员工根据自己的收获与感受，并结合具体的岗位要求写一篇心得体会，上交人力资源部。

附：参加培训人员名单（略）

四季春大酒店人力资源部
2022 年 6 月 29 日

简析：

这是一份关于新进员工培训活动的计划，标题由单位、事由、文种构成。正文部分采用表格与条文相结合的形式，简要说明培训的内容及要求，文末附有参加培训人员的名单。整个培训活动的安排目标明确、步骤清楚，相关要求和措施具体可行，有利于计划的顺利实施。

知识链接 >>>>

计划是单位或个人为了实现某项目标或完成某项任务，对今后一段时间的工作、活动事先拟定目标任务、实施步骤和具体措施的一种应用文。计划的名称有多种，规划、纲要、方案、安排、设想、打算等也都是计划。计划具有针对性、预见性、可行性特点。

计划的种类很多，按性质分，有综合性计划和专题性计划；按内容分，有工作计划、生产计划、学习计划、思想计划等；按时间分，有年度计划、季度计划、月份计划及其他阶段性计划等；按范围分，有单位计划、部门计划、班组计划、个人计划等；按写作方式分，有表格式计划、文表结合式计划、条文式计划等。

计划一般由标题、正文和落款组成。

1. 标题 一般由单位名称、时限、事由和文种组成，如《××学校××××年业务学习计划》；有的省去单位名称和时限，只写事由和文种，如《技能训练计划》。应用中可根据具体需要而定。

2. 正文 一般由前言、主体、结尾三部分组成。

（1）前言。通常简明扼要地概述制订计划的指导思想、依据、意义等，或者简述本单位或个人的基本情况。

（2）主体。包括目标、步骤、措施等内容。这部分是按照要求实施和随时对计划落实情况进行检查的依据。目标、步骤、措施是计划内容的三要素，提出的目标即任务要求应当明确，完成目标的步骤、措施等要具体可行。

（3）结尾。可以提出执行的要求，也可以展望计划实施的前景。有的计划可以省略结尾。

3. 落款 写明计划的制订者和成文日期。如标题中已包含制订单位名称的，落款中可以省略，只写成文日期。

写作导引 >>>>

写作提示：

1. 立足实际，统筹兼顾

无论写哪种计划，都必须从实际出发。要深入分析客观条件，所撰写的计划既要有前瞻性，又要留有余地，使计划执行者能够顺利完成。

2. 突出重点，层次分明

制订计划必须重点突出，层次清晰，有条不紊，这样才能有利于工作的全面开展，达到事半功倍的效果。

3. 目标明确，表述严密

计划在时间、数量、质量等方面的规定要力求准确，目标任务、步骤安排和具体措施都要写清楚，便于后期执行和检查。

写作模式参考：

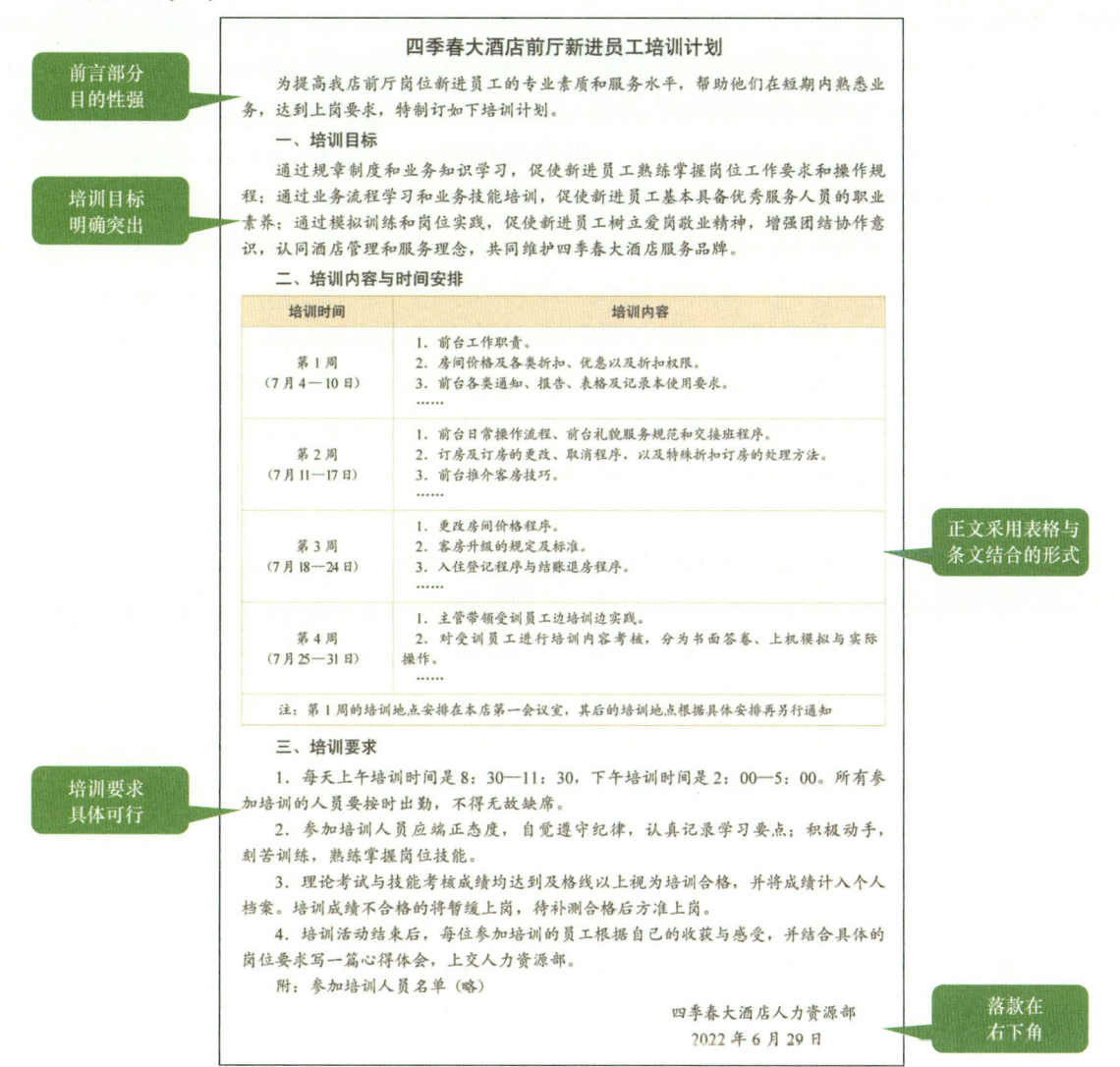

> **四季春大酒店前厅新进员工培训计划**
>
> 〔前言部分 目的性强〕
>
> 为提高我店前厅岗位新进员工的专业素质和服务水平，帮助他们在短期内熟悉业务，达到上岗要求，特制订如下培训计划。
>
> **一、培训目标**
>
> 〔培训目标 明确突出〕
>
> 通过规章制度和业务知识学习，促使新进员工熟练掌握岗位工作要求和操作规程；通过业务流程学习和业务技能培训，促使新进员工基本具备优秀服务人员的职业素养；通过模拟训练和岗位实践，促使新进员工树立爱岗敬业精神，增强团结协作意识，认同酒店管理和服务理念，共同维护四季春大酒店服务品牌。
>
> **二、培训内容与时间安排**
>
> 〔正文采用表格与条文结合的形式〕
>
> | 培训时间 | 培训内容 |
> | --- | --- |
> | 第1周
（7月4—10日） | 1. 前台工作职责。
2. 房间价格及各类折扣、优惠以及折扣权限。
3. 前台各类通知、报告、表格及记录本使用要求。
…… |
> | 第2周
（7月11—17日） | 1. 前台日常操作流程、前台礼貌服务规范和交接班程序。
2. 订房及订房的更改、取消程序，以及特殊折扣订房的处理方法。
3. 前台推介客房技巧。
…… |
> | 第3周
（7月18—24日） | 1. 更改房间价格程序。
2. 客房升级的规定及标准。
3. 入住登记程序与结账退房程序。 |
> | 第4周
（7月25—31日） | 1. 主管带领受训员工边培训边实践。
2. 对受训员工进行培训内容考核，分为书面答卷、上机模拟与实际操作。 |
>
> 注：第1周的培训地点安排在本店第一会议室，其后的培训地点根据具体安排再行通知。
>
> **三、培训要求**
>
> 〔培训要求 具体可行〕
>
> 1. 每天上午培训时间是8:30—11:30，下午培训时间是2:00—5:00。所有参加培训的人员要按时出勤，不得无故缺席。
> 2. 参加培训人员应端正态度，自觉遵守纪律，认真记录学习要点；积极动手，刻苦训练，熟练掌握岗位技能。
> 3. 理论考试与技能考核成绩均达到及格线以上视为培训合格，并将成绩计入个人档案。培训成绩不合格的将暂缓上岗，待补测合格后方准上岗。
> 4. 培训活动结束后，每位参加培训的员工根据自己的收获与感受，并结合具体的岗位要求写一篇心得体会，上交人力资源部。
>
> 附：参加培训人员名单（略）
>
> 〔落款在右下角〕
>
> 四季春大酒店人力资源部
> 2022年6月29日

任务实施 >>>>

请你以闫坤的身份，制订一篇提升专业技能水平的短期训练计划。任务目标要明确、具体，步骤和措施要合理、可行，语言力求简洁明了、层次清楚。

提示：可以假定闫坤所学的专业与你相同。

巩固练习 >>>>

1. 计划的正文一般包括_____、_____、_____三个方面的内容。
2. 学校新开设了一门创新创业的选修课程，闫坤试听了课程之后很感兴趣，制订了一份学习计划。下面是该计划的主要内容，请你帮他检查一下，找出该计划在内容和格式方面存在的问题，并加以改正。

学习计划

作为新时代的中职生，要想在未来竞争中实现自己的价值，需要不断学习，尤其是学好创新创业课程。为了更好地学习创新创业课程，特制订学习计划如下：

（1）认真学习理论知识，不断提高自己的综合素养。

（2）用心听讲，深入思考，积极讨论，广泛阅读，提高自己的创新能力。

（3）积极参与各项活动，提升自己的创业能力。

（4）不断积累，向学哥学姐请教，争取参加创新创业大赛。

总之，我要树立自己牢固的人生目标和职业目标，使自己的学习有目标和针对性，对自己充满信心，发挥自己的潜能，取长补短，在以后的生活里树立一种积极的心态，能够以后更好地适应社会，面对激烈的竞争。

2022 年 9 月 1 日
闫坤

3. 职业生涯规划是指针对个人职业选择的主观和客观因素进行分析和测定，确立个人的职业奋斗目标，并谋划如何实现这一目标的步骤和过程。职业生涯规划一般可分为短期规划（3年以内）、中期规划（3～5年）和长期规划（5～10年）。请查阅相关资料，结合自身优势及所学专业，为自己设计一份5～10年职业生涯规划书。

<<<< 微拓展 >>>>

1. 先谋后事者昌，先事后谋者亡。——《太公金匮》

【大意】做事前先谋划的人能成功，做事前不谋划的人要失败。

2. 凡事预则立，不预则废。——《礼记·中庸》

【大意】无论做什么事情，如能预先做好计划或准备，就一定能成功；如果没有做好计划或准备，就不能成功。

3. 人无远虑，必有近忧。——《论语·卫灵公》

【大意】人如果没有长远的打算，那忧虑一定就在眼前。

4. 父母之爱子，则为之计深远。——《战国策·赵太后新用事》

【大意】做父母的疼爱孩子，就要为他们长远打算，不能只顾眼前得失。

5. 工欲善其事，必先利其器。——《论语·卫灵公》

【大意】工匠想要使他的工作做好，一定要先让工具锋利。比喻要做好一件事，准备工作非常重要。

任务 2　写读书笔记

情境导入 >>>>

闫坤比较喜欢读书，课余时间经常到学校图书馆借阅自己感兴趣的书籍，但总感觉收获没有预想的多，就向语文老师请教。

老师问他："你虽然读了不少书，但是不是都读得很快，而且多是看一遍就放下了？"闫坤点头称是。老师接着说道："读书也是有方法的，该慢的时候就要慢下来，不能总是图快，囫囵吞枣；要读思结合，读写并用。比如，俄国文学家托尔斯泰这样要求自己，'身边永远带着铅笔和笔记本，读书和谈话的时候碰到一切美妙的地方和话语都把它记下来。记下重要的知识，如不懂可以再看一下'。你平时读书也要养成记读书笔记的习惯，事实证明，这一招非常有效。"

闫坤随口问道："老师，读书笔记就是摘抄一下文字吗？"老师笑了笑，回答道："读书笔记有很多方式，摘抄是最为常见也是最为简单的方法，还有其他一些形式。"接着，老师便以阅读《回忆鲁迅先生》为例，给他介绍了几种常见读书笔记的写法及应注意的问题，还推荐了鲁迅的《故事新编》，让他写一篇读书笔记。听了老师的讲解，闫坤茅塞顿开。

例文借鉴 >>>>

	《回忆鲁迅先生》读书笔记
摘要式	①鲁迅先生的笑声是明朗的，是从心里的欢喜。若有人说了什么可笑的话，鲁迅先生笑得连烟卷都拿不住了，常常是笑得咳嗽起来。 ②鲁迅先生走路很轻捷，尤其使人记得清楚的，是他刚抓起帽子来往头上一扣，同时左腿就伸出去了，仿佛不顾一切地走去。 ③鲁迅先生的书桌整整齐齐的，写好的文章压在书下边，毛笔在烧瓷的小龟背上站着。 ④一双拖鞋停在床下，鲁迅先生在枕头上边睡着了。
评注式	《回忆鲁迅先生》读书笔记 ①鲁迅先生的笑声是明朗的，是从心里的欢喜。若有人说了什么可笑的话，鲁迅先生笑得连烟卷都拿不住了，常常是笑得咳嗽起来。 寥寥几句，一个乐观、爽朗的鲁迅形象便跃然纸上。这是萧红用自己的心灵感受到的非常真切的鲁迅，是一个平常人敢于走近的可亲的鲁迅；跟一些流传的说法——鲁迅"多疑善怒"、待人"冷酷无情"，形成了鲜明对照。 ②鲁迅先生刚一睡下，太阳就高起来了，太阳照着隔院子的人家，明亮亮的；照着鲁迅先生花园的夹竹桃，明亮亮的。 鲁迅先生的书桌整整齐齐的，写好的文章压在书下边，毛笔在烧瓷的小龟背上站着。 一双拖鞋停在床下，鲁迅先生在枕头上边睡着了。 以真实的细节描写衬托出鲁迅先生的勤奋与辛劳，语句中"站""停"形象传神，让人感觉鲁迅先生刚刚完成工作，突出鲁迅忘我的工作精神。这种白描式的文字具有震撼人心的力量，字里行间表达出作者深深的怀念之情。

续表

	《回忆鲁迅先生》读书笔记
心得式	鲁迅说过："想看好花，一定要有好土。"又曾表示："只要能培一朵花，就不妨做做会朽的腐草。"为了帮助青年作家萧红，鲁迅甘作春泥，甘为人梯，在她的作品中倾注了大量心血。鲁迅去世之后，萧红从悲痛中振作起来，陆续写出《马伯乐》《回忆鲁迅先生》《呼兰河传》等名篇佳作。这些作品又像春泥一样，继续滋养着中国文坛的茂林佳卉。鲁迅和萧红之间的情谊已经成为文坛佳话，被成千上万的读者传诵。 　　萧红的散文《回忆鲁迅先生》与众不同，别具一格。由于作者萧红跟回忆对象鲁迅之间有着直接交往，对回忆对象充满着缅怀崇敬之情，素材又来自亲历亲闻，因此作品不仅富于史传性，而且也富于文学性。如果不仔细阅读，可能会感到萧红写得有些漫不经心，想到什么就写什么，各个片段之间似乎没有什么联系；文中也没有运用名言和警句，一切都出于自然的倾吐，说的都是日常生活琐事。但仔细阅读就能体会到萧红的良苦用心，她是用女性独有的敏锐目光悉心观察，捕捉到鲁迅许多灵动传神的细节，以质朴浅白、清新隽永的语言，于细微之处写出了一个真实的、充满人情味的、活生生的鲁迅。 　　萧红的《回忆鲁迅先生》不仅是鲁迅回忆录中的珍品，而且是中国现代怀人散文的典范，是敬献于鲁迅墓前的一个永不凋谢的花环。

简析：

　　以上例文是围绕文章《回忆鲁迅先生》所做的"摘要式""评注式"和"心得式"三种读书笔记。"摘要式"将文中的精彩语句摘录下来，以供温习和揣摩；"评注式"则对描写鲁迅先生的笑声和工作的句子进行点评，写出了对鲁迅的新认识和对文句精彩之处的赏析，对文章理解走向深入；"心得式"补充了鲁迅对萧红创作的扶持、萧红的创作情况等介绍，围绕文章的结构、语言和素材选择等阐述看法，记录了对文章的个人见解和总体评价。

知识链接 >>>>

　　读书笔记是指人们在阅读书籍或文章时，把文中的精彩部分整理出来或把自己的心得体会记录下来的一种应用文。

　　读书笔记的常见形式有摘要式、评注式和心得式。

　　摘要式——指摘录优美的词语、精彩的句子或段落，供日后熟读、背诵和运用；或者在理解文章的基础上，简要地把文章的结论或作者的观点摘抄下来；或者以记住作品的主要内容为目的，通过编写内容提纲明确主要和次要的内容。

　　评注式——根据自己的理解，对作品中的人物、事件及作者观点、材料等进行评论，或补充注释，加以说明。

　　心得式——根据作品中自己感受最深的内容，联系实际写出个人的体会、感想和收获；也可以对原文中的某些观点提出不同看法等。

写作导引 >>>>

写作提示：

1. 目的明确，形式恰当

记读书笔记要有明确的目的，记什么内容，采用哪一种形式，都要从自己的实际需要出发，写出自己的心得体会或感想收获。

2. 细心阅读，把握重点

记读书笔记要对所记的内容仔细分析、认真思考，在真正理解的基础上记录。摘要式读书笔记要抓住重点，评注式读书笔记要深入分析。

3. 态度认真，耐心细致

记读书笔记时文字要简洁、明快，字迹要清晰、工整，记好的读书笔记要细心整理归类，以便于日后查找和翻阅。

4. 忠于原文，精益求精

写读书笔记时要忠实于原文，内容应少而精，避免空泛地堆积材料。另外，可根据需要注明写读书笔记的时间。

写作模式参考：

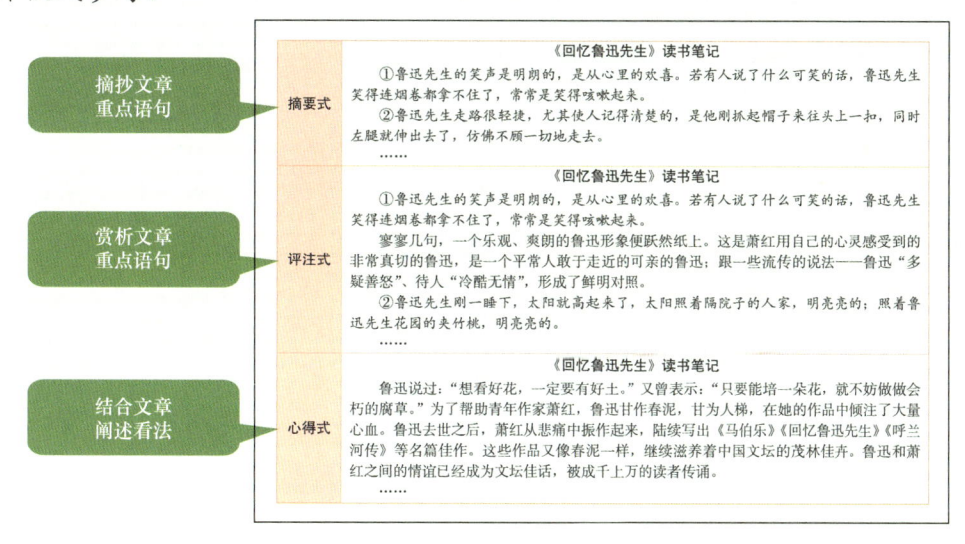

形式	说明	示例
摘抄文章重点语句	摘要式	《回忆鲁迅先生》读书笔记 ①鲁迅先生的笑声是明朗的，是从心里的欢喜。若有人说了什么可笑的话，鲁迅先生笑得连烟卷都拿不住了，常常是笑得咳嗽起来。 ②鲁迅先生走路很轻捷，尤其使人记得清楚的，是他刚抓起帽子来往头上一扣，同时左腿就伸出去了，仿佛不顾一切地走去。 ……
赏析文章重点语句	评注式	《回忆鲁迅先生》读书笔记 ①鲁迅先生的笑声是明朗的，是从心里的欢喜。若有人说了什么可笑的话，鲁迅先生笑得连烟卷都拿不住了，常常是笑得咳嗽起来。 寥寥几句，一个乐观、爽朗的鲁迅形象便跃然纸上。这是萧红用自己的心灵感受到的非常真切的鲁迅，是一个平常人敢于走近的可亲的鲁迅；跟一些流传的说法——鲁迅"多疑善怒"、待人"冷酷无情"，形成了鲜明对照。 ②鲁迅先生刚一睡下，太阳就高起来了，太阳照着隔院子的人家，明亮亮的；照着鲁迅先生花园的夹竹桃，明亮亮的。 ……
结合文章阐述看法	心得式	《回忆鲁迅先生》读书笔记 鲁迅说过："想看好花，一定要有好土。"又曾表示："只要能培一朵花，就不妨做做会朽的腐草。"为了帮助青年作家萧红，鲁迅甘作春泥，甘为人梯，在她的作品中倾注了大量心血。鲁迅去世之后，萧红从悲痛中振作起来，陆续写出《马伯乐》《回忆鲁迅先生》《呼兰河传》等名篇佳作。这些作品又像春泥一样，继续滋养着中国文坛的茂林佳卉。鲁迅和萧红之间的情谊已经成为文坛佳话，被成千上万的读者传诵。 ……

任务实施 >>>>

鲁迅的《故事新编》是一部短篇小说集，全书除"序言"外，共收《补天》《奔月》《理水》《采薇》《铸剑》《出关》《非攻》《起死》八篇小说。其内容主要以神话为题材，故事有趣，想象丰富，是鲁迅作品中仅有的以远古历史为时代背景创作的小说。请从中任选一篇，仔细阅读，帮助闫坤写一篇心得式的读书笔记，不少于500字。

提示：原著可到网上搜索或从学校图书馆借阅。

巩固练习

1. 常见的读书笔记有_____、_____、_____等形式。
2. 上网查阅所学专业相关或相近的行业、企业中的大国工匠或感动中国人物，仔细阅读宣传介绍他们感人事迹的文章，然后写出读书笔记。笔记的具体形式及字数不限。
3. 阅读作家汤欢的《读书莫忘做笔记》一文，写一篇不少于300字的读书笔记。

读书莫忘做笔记

汤欢

做笔记是读书的重要方法，是读书不可缺少的一部分。读书时，左边是书，右边是笔记本。遇到好词佳句则随手摘抄，心有所感便顺势写下，既能加深印象，积累知识，亦方便日后检索，为作文治学打下基础。

前人读书治学，多有做笔记的习惯，学问也常常从笔记本中得来。顾颉刚先生一生治学，勤于做读书笔记，从1914年至1980年逝世，做笔记的习惯从未间断，60余年积累笔记近百册，共四五百万言。他所从事的古史研究需大量考据，做笔记是他治学研究、著书立说的基础，"为笔记既多，以之汇入论文，则论文充实矣；作文既多，以之灌于著作，则著作不朽矣"。此外，在他看来，相对于长篇大论的学术文章而言，笔记可长可短，有简洁之美，做笔记"可以自抒心得，亦可以记录人言；其态度可以严肃，亦可以诙谐，随意挥洒，有如行云流水，一任天机"，笔记实乃学术界的小品文。

钱锺书读书也爱做笔记，从20世纪30年代到90年代一直坚持，单是外文笔记就达200多本、3.5万多页。据杨绛所言，他的笔记本"从国外到国内，从上海到北京，从一个宿舍到另一个宿舍，从铁箱、木箱、纸箱，以至麻袋、枕套里出出进进"。其笔记不仅数量惊人，内容也广袤博杂，从精深博雅的经史子集，到通俗的小说院本、村谣俚语和笔记野史，古今中外，无所不容。把这些笔记前后参照、相互引证、融会贯通后，才有了如《管锥编》里那样汪洋恣肆、行走于东西之间游刃有余的文章。

蔡元培晚年总结自己读书多年却"没什么成就"，原因之一是"不能勤笔"。"不能勤笔"即不能勤于做笔记。他说自己读书虽然只注意于他所认为"有用的或可爱的材料"，"但往往为速读起见，无暇把这几点摘抄出来，或在书上做一点特别的记号"，这样的后果是不易检索，需要用的时候"几乎不容易寻到"。

可见，对于治学之人，做笔记是读书应有的步骤；而对于普通读者来说，做笔记亦是一种值得吸取的方法。不管读书是为长见识，为陶冶性灵，还是只为娱乐消遣，遇到有趣、有启发、有感于心的文字则随手记之，这文字便会在我们内心加深一层印象；日久天长，这笔记本便成了我们平日读书精华之积累，是我们知识丰富、心灵成长的记录，是一种珍贵的纪念。若干年后，当我们重温当年的笔记，看到自己熟悉的字迹时，或许还会回想起某时某地写下这笔记时的情形，内心一定无比自得与安宁。

做笔记固然重要，但经常温故笔记更重要。虽说"好记性不如烂笔头"，但只记笔记却不温习，一样容易遗忘，时常巩固方能加深记忆，需要用时才能信手拈来；此外，温故而知新，在翻阅读书笔记时，往往能够前后贯通，发现新的问题。钱锺书当年就常常爱翻阅一两册中文或外文笔记，把精彩的片段读给杨绛听。

做笔记需要时间，如钱锺书做一遍笔记的时间大约是读这本书的一倍。但当你将做笔记看成是读书的一部分，认识到做笔记的益处，便不会认为这时间白白浪费了。现在人们的生活节奏越来越快，唯独读书不能快，做笔记不能急躁。

时代在进步，电子笔记的出现让笔记的记录、保存和使用更为便捷：键盘输入、复制粘贴可以代替手写，电脑和手机客户端皆能同步保存；此外，这种云笔记还带有关键词检索功能，极大地方便了我们对材料的收集和整理。

读书思考，随手记之，同时不忘时常温故，无论对于治学之人还是普通读者，这习惯都值得我们承袭并坚持。无论这笔记是手抄笔记还是电子笔记，它都会成为我们好读书之人一笔宝贵的财富。

（选自 2015 年 3 月 31 日《人民日报》）

<<<< 微拓展 >>>>

"学霸"酷爱的读书笔记法

提纲笔记法

简介	和书本的目录有点类似，通过数字、符号和缩进表达各层级之间的关系。
适用	特别适合整理结构性较强的知识，比如历史、地理、生物或课文笔记。
场景	课堂学习、读书笔记。
优点	系统性强，条理清晰，便于理解和记忆。

示例	林黛玉进贾府
	• 作者：曹雪芹
	• 出处：《红楼梦》
	    ○ 现实主义作品
	    ○ 中国社会的百科全书
	    ○ 中国古典小说的最高峰
	• 主题思想
	    ○ 以历史王薛四大家族的兴衰为背景
	    ○ 以贾宝玉、林黛玉的爱情悲剧为主线
	    ○ 展现了封建社会必将走向灭亡的趋势
	• 人物形象
	    ○ 王熙凤
	        ▪ 性格特点
	            • 性格泼辣，察言观色，善于逢迎，精明能干
	        ▪ 描写的四个层次
	            • 写出场：未见其人，先闻其声
	            • 绘肖像：相关容貌描写
	            • ……

思维导图法

简介	是一种图像化的表达方式，由一个中心主题和若干子主题构成的知识网络，与提纲笔记法互为补充。
适用	思维导图的作用有很多，比如整理思绪、收集想法、归纳知识等等。
场景	课堂学习、考试复习、读书笔记。
优点	结构性强，与人类大脑的神经元连结构非常相似，便于记忆；便于复习使用，可有效节省时间。

示例	林黛玉进贾府
	— 作者：曹雪芹
	— 出处：《红楼梦》——现实主义作品／中国社会的百科全书／中国古典小说的最高峰
	— 主题思想：以历史王薛四大家族的兴衰为背景／以贾宝玉、林黛玉的爱情悲剧为主线／展现了封建社会必将走向灭亡的趋势
	— 人物形象：
	  王熙凤——性格特点：性格泼辣，察言观色，善于逢迎，精明能干；写出场：未见其人，先闻其声；绘肖像：相关容貌描写；赞语句：一学四得；王夫人
	  贾宝玉——性格特点：封建叛逆，蔑清品秀，英俊多情；侧面描写：欧阳先抑；肖像描写；直接描写：语言描写、动作描写；《西江月》：寓意于贬
	  林黛玉——性格特点：小心谨慎，体弱多病，清新脱俗，举止不凡；侧面描写：王熙凤看黛玉、宝玉看黛玉、众人看黛玉；正面描写：语言描写、心理描写

时间轴法

简介　按时间顺序梳理发展脉络，将知识点按时间顺序进行组织排列，能够更好地进行文本的梳理和归纳。

适用　最适合记录与历史有关的内容，以时间线为逻辑轴线。

场景　专题复习、历史学习、任务安排。

优点　生动形象，逻辑清晰，便于掌握事情全貌，避免先后顺序的混乱。

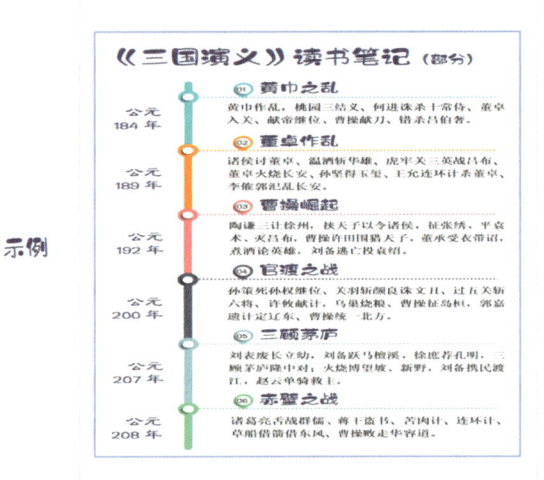

示例

《三国演义》读书笔记（部分）

- 公元184年　**黄巾之乱**：黄巾作乱，桃园三结义，何进诛杀十常侍、董卓率兵入关、献帝继位、曹操献刀、错杀吕伯奢。
- 公元189年　**董卓作乱**：诸侯讨董卓、温酒斩华雄、虎牢关三英战吕布、董卓火烧长安、孙坚得玉玺、王允连环计杀董卓、李傕郭汜乱长安。
- 公元192年　**曹操崛起**：陶谦三让徐州，挟天子以令诸侯、征张绣、平袁术、灭吕布，曹操青田围猎天子、董承受衣带诏，煮酒论英雄，刘备逃亡投袁绍。
- 公元200年　**官渡之战**：孙策死孙权继位、关羽斩颜良诛文丑、过五关斩六将、许攸献计、乌巢烧粮、曹操征荒柳、郭嘉遗计定辽东、曹操统一北方。
- 公元207年　**三顾茅庐**：刘表废长立幼，刘备跃马檀溪、徐庶荐孔明，三顾茅庐隆中对，火烧博望坡、新野，刘备携民渡江、赵云单骑救主。
- 公元208年　**赤壁之战**：诸葛亮舌战群儒、蒋干盗书、苦肉计、连环计、草船借箭借东风、曹操败走华容道。

语音笔记法

简介　借助电子设备或 App 软件，通过语音的方式记录下重要的信息、内容。还支持插入视频、照片等。

适用　特别适合听讲座时的速记、灵感乍现时的记录等场景，也常用于非端坐读书时的心得积累。

场景　读书笔记、课堂速记。

优点　可以保留原声，还能一键将语音转化为文字，便于整理；可利用碎片化时间学习，成倍提升效率。

示例

《林黛玉进贾府》语音笔记

2023年7月16日 14:07:41　00:04

王熙凤出场，未见其人先闻其声，她的泼辣形象与众人的敛声屏气形成鲜明对比，王熙凤的鲜活形象跃然纸上。妙！

2023年7月16日 14:08:06　00:14

"天下真有这样标致的人物，我今儿才算见了！况且这通身的气派，竟不像老祖宗的外孙女儿，竟是个嫡亲的孙女，怨不得老祖宗天天口头心头一时不忘。只可怜我这妹妹这样命苦，怎么姑妈偏就去世了！"好一个圆滑世故的王熙凤，表面上是夸黛玉漂亮，实际在奉承贾母。

2023年7月16日 14:16:06　00:11

林黛玉的性格与她所生长的环境有着很密切的关系。由于她出身在贵族世家，自幼受父母的疼爱，因此养成了她贵族小姐的性格也就不足为怪了。不过，在她性格中最突出的一点也就是她对封建礼教的叛逆。

提示：适当的读书笔记形式，可以帮助自己有效捋清思路、提高效率、积累感悟。但做读书笔记，不能过分追求形式花哨而忽视了本质，笔记的内容永远是最重要的。

任务3 准备演讲稿

情境导入 >>>>

每次参加周一的升旗仪式，站在国旗下的闫坤常常会从心底升出一丝羡慕，这种羡慕有时会毫不掩饰地写在脸上。羡慕谁呢？当然是台上那位进行国旗下演讲的同学。

闫坤不止一次对同桌说："看看人家在主席台上进行国旗下演讲多么荣耀，我也想上去演讲演讲。"

"这还不容易，你可以向老师申请试试呀，又不是没有机会。"同桌一脸真诚地对他说。

每当这个时候，闫坤就退缩了。他支吾着说："演讲稿那么难写，并且上台演讲要声情并茂，我怕难以胜任啊！""写演讲稿，原创是挺难的，咱可以模仿借鉴啊；至于朗读，你不是挺有天分的吗？我看你行。"同桌继续鼓励他。

正巧，国庆放假前一周的升旗活动由闫坤他们班主持。班主任就鼓励他积极尝试一下。闫坤大受鼓舞，他深知机会难得，就连忙找了几份演讲稿做参考，其中的一篇文辞优美，充满激情，让他赞赏不已。

例文借鉴 >>>>

信念——生命的源泉

（国旗下的演讲）

尊敬的各位老师、亲爱的同学们：

大家早上好！我演讲的题目是"信念——生命的源泉"。

信念，是万事成功之根本，是奇迹诞生之动力，是步入殿堂之基石，是生命辉煌之源泉。花儿因有了信念，才百花竞放，于是有了世间万紫千红的美丽；芽儿因有了信念，才顶破岩石，于是有了松柏傲立绝壁的奇观；水滴因有了信念，才水滴石穿，于是有了百川东到海的壮举；雄鹰因有了信念，才展翅千里，于是有了利剑穿空般的美丽。

寒冷的时候，我们需要一团火来取暖；迷茫的时候，我们需要一盏灯来指引；踌躇的时候，我们需要一个信念来激励。如果说生命是一株葱郁的大树，一只飞翔的海燕，一座森严的城堡，那么信念就是那深扎的树根，是那扇动的翅膀，是那穿顶的梁柱。没有信念，生命的动力便荡然无存，生命的美丽便杳然无踪。

疲惫时，寒梅的信念告诉你：宝剑锋从磨砺出，梅花香自苦寒来。

失败时，青松的信念告诉你：大雪压青松，青松挺且直。

心痛时，屈原的信念告诉你：路漫漫其修远兮，吾将上下而求索！

沮丧时，杜甫的信念告诉你：会当凌绝顶，一览众山小。

课堂上，语文老师说："信念是一首绝妙的诗。"

数学老师说："信念是一个万能公式。"

物理老师说："信念是一个巨大的杠杆。"

化学老师说："信念是一种成功的催化剂。"

地理老师说："信念是一座横跨海峡的桥梁。"

美术老师说："信念是一幅优美的山水画。"

音乐老师说："信念是一曲激昂的交响乐。"

楚大夫沉吟泽畔，九死不悔；魏武帝扬鞭东指，壮心不已；陶靖节悠然南山，饮酒采菊。纵然谄媚诬蔑视听，也不随波逐流；纵然马革裹尸，魂归狼烟，依然豪迈慷慨；纵然一世清贫，食不果腹，也愿怡然自乐，躬耕荒野。他们共同诠释着信念的真谛。

成，如秋月照花，深潭微澜，扬鞭策马，气吞万里。

败，仍滴水穿石，汇流入海，穷且益坚，不坠青云。

荣，江山依旧，风采犹然，浮华万千，不屑过眼烟云。

辱，胯下韩信，雪底苍松，海阔天空，不肯因噎废食。

同学们，信念是执着的追求，翻山越岭，披荆斩棘，终至成功的巅峰；信念是无悔的风帆，漂洋过海，劈波斩浪，终达辉煌的彼岸。让我们更加坚定矢志求学、报效祖国的理想信念，努力开辟美好之未来。我们坚信：这崇高的信念，必将铸成一道道亮丽的七色彩虹，绽放出璀璨的耀眼光芒！

谢谢大家！

(选自高中版《读与写》2007年第1期，有改动)

简析：

这是一篇富有感染力的演讲稿。标题把"信念"比作生命的源泉，形象而耐人寻味。正文开头部分指出信念的作用，开门见山；主体部分或运用富有象征意义的意象，或引用不同学科老师的妙语，或选用古人的典型事例，观点鲜明突出，论证有力；结尾发出号召，鼓动性强。整篇演讲多用整齐的排比句式、四字成语，气势磅礴，铿锵有力。

知识链接 >>>>

演讲稿是演讲者为了在公共场合进行演讲而准备的文稿。一篇好的演讲稿，一般应具有针对性、鼓动性、逻辑性和口语化等特点。

演讲稿由标题、称谓和正文三部分构成。

1. 标题　演讲稿的标题有多种类型，有的以提要式的短语简要概括演讲的核心内容,有的运用比喻或象征等手法形象揭示主题,有的采用名言警句引起听众的关注,有的设置问题或悬念等激发听众一探究竟的兴趣,也有的以激昂的抒情语句表达演讲者的情感态度等。

2. **称谓** 根据听众对象和演讲内容需要决定称呼,常用"同学们""同志们""朋友们"等,也可加定语渲染气氛,如"亲爱的同学们""年轻的朋友们"等。称谓以自然大方、恰当得体为宜。

3. **正文** 一般由开头、主体和结语三部分构成。

(1)开头。开头也称之为开场白,其作用是营造氛围、引起关注、点明主旨等。开头的表达技巧不拘一格,常用的有如下几种:开门见山,揭示主题;说明情况,介绍背景;或提出问题,引起关注;或运用伏笔,造成悬念,引发听众的思考;通过故事、歌曲等暗示演讲所涉及的内容,引导听众参与进来等。

(2)主体。主体是演讲稿的核心部分,要力求做到以下三点:一是主题鲜明集中,观点精警深刻,材料翔实典型,事例新颖生动;二是条理清晰,逻辑严密,论述有力,语言生动;三是根据演讲主题和内容,选择恰当的结构方式,或并列式,或递进式,或对比式,或多种形式融合。

(3)结语。结尾的技巧和方式也具有多样性,可根据内容表达的需要灵活选择。可用精警有力的语言总结全文,可用发人深思的语言催人思考,可用热情洋溢的语言提出鼓励和希望,还可用名人名言、经典诗句或诙谐语言等作结。

写作导引 >>>>

写作提示:

1. 了解对象,有的放矢

写演讲稿首先要了解听众对象,否则演讲稿写得再天花乱坠,听众也会感到索然无味,达不到宣传、鼓动、教育或欣赏的目的。

2. 观点鲜明,感情真挚

演讲稿的观点鲜明情感,才能打动人、感染人,有鼓动性;它要求在表达上注意把说理和抒情结合起来,既有冷静的分析,又有热情的鼓动;既有所憎,又有所爱。

3. 语言流畅,内容深刻

语言运用得好还是差,对写作演讲稿影响极大,要提高演讲稿的质量,必须在语言的运用方面字斟句酌,精心锤炼。

写作模式参考：

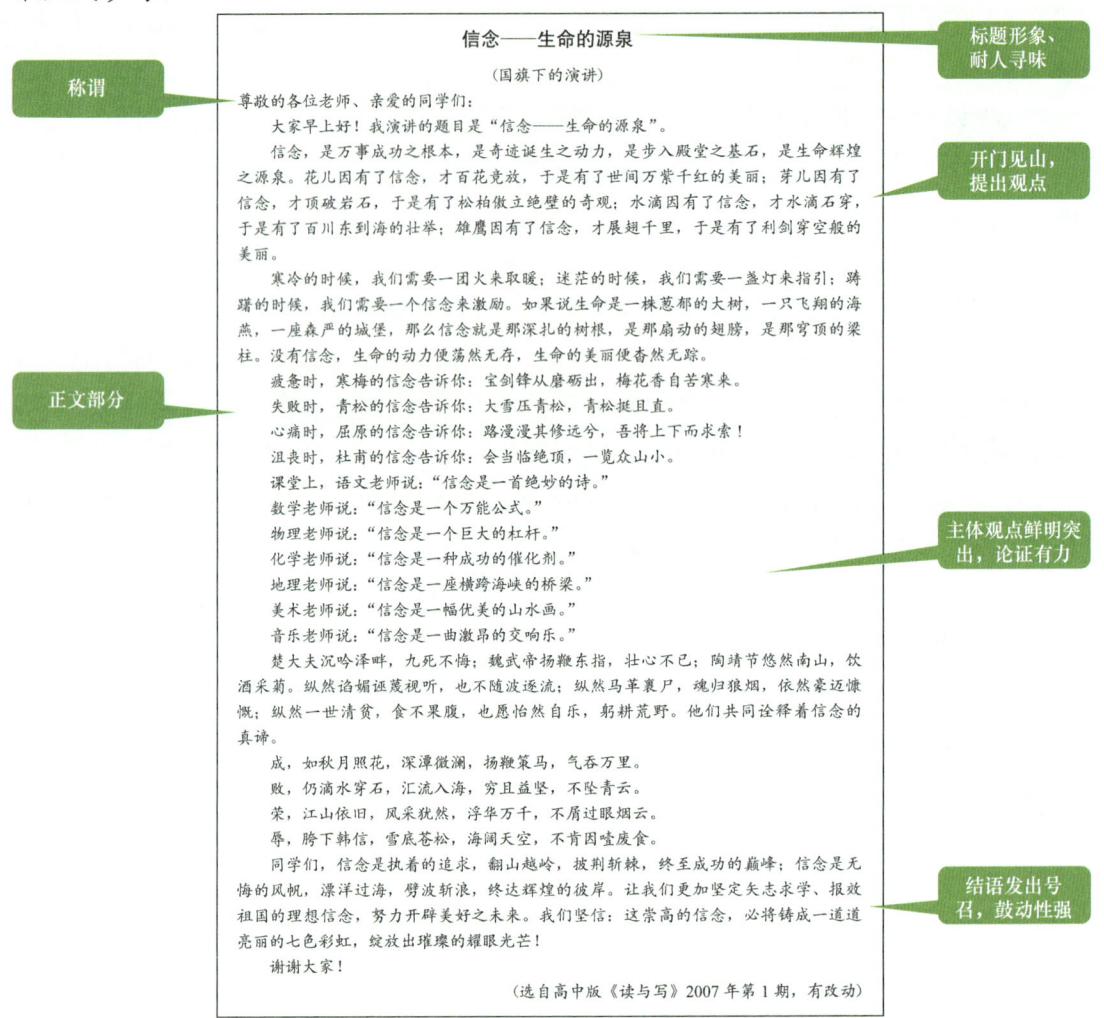

> **信念——生命的源泉**
> （国旗下的演讲）
>
> 尊敬的各位老师、亲爱的同学们：
>
> 大家早上好！我演讲的题目是"信念——生命的源泉"。
>
> 信念，是万事成功之根本，是奇迹诞生之动力，是步入殿堂之基石，是生命辉煌之源泉。花儿因有了信念，才百花竞放，于是有了世间万紫千红的美丽；芽儿因有了信念，才顶破岩石，于是有了松柏傲立绝壁的奇观；水滴因有了信念，才水滴石穿，于是有了百川东到海的壮举；雄鹰因有了信念，才展翅千里，于是有了利剑穿空般的美丽。
>
> 寒冷的时候，我们需要一团火来取暖；迷茫的时候，我们需要一盏灯来指引；踌躇的时候，我们需要一个信念来激励。如果说生命是一株葱郁的大树，一只飞翔的海燕，一座森严的城堡，那么信念就是那深扎的树根，是那扇动的翅膀，是那穹顶的梁柱。没有信念，生命的动力便荡然无存，生命的美丽便香然无踪。
>
> 疲惫时，寒梅的信念告诉你：宝剑锋从磨砺出，梅花香自苦寒来。
> 失败时，青松的信念告诉你：大雪压青松，青松挺且直。
> 心痛时，屈原的信念告诉你：路漫漫其修远兮，吾将上下而求索！
> 沮丧时，杜甫的信念告诉你：会当临绝顶，一览众山小。
> 课堂上，语文老师说："信念是一首绝妙的诗。"
> 数学老师说："信念是一个万能公式。"
> 物理老师说："信念是一个巨大的杠杆。"
> 化学老师说："信念是一种成功的催化剂。"
> 地理老师说："信念是一座横跨海峡的桥梁。"
> 美术老师说："信念是一幅优美的山水画。"
> 音乐老师说："信念是一曲激昂的交响乐。"
>
> 楚大夫沉吟泽畔，九死不悔；魏武帝扬鞭策东指，壮心不已；陶靖节悠然南山，饮酒采菊。纵然诋媚诬蔑视听，也不随波逐流；纵然马革裹尸，魂归狼烟，依然豪迈慷慨；纵然一世清贫，食不果腹，也愿怡然自乐，躬耕荒野。他们共同诠释着信念的真谛。
>
> 成，如秋月照花，深潭微澜，扬鞭策马，气吞万里。
> 败，仍滴水穿石，汇流入海，穷且益坚，不坠青云。
> 荣，江山依旧，风采犹然，浮华万千，不屑过眼烟云。
> 辱，胯下韩信，雪底苍松，海阔天空，不肯因噎废食。
>
> 同学们，信念是执着的追求，翻山越岭，披荆斩棘，终至成功的巅峰；信念是无悔的风帆，漂洋过海，劈波斩浪，终达辉煌的彼岸。让我们更加坚定矢志求学、报效祖国的理想信念，努力开辟美好的未来。我们坚信：这崇高的信念，必将铸成一道道亮丽的七色彩虹，绽放出璀璨的耀眼光芒！
>
> 谢谢大家！
>
> （选自高中版《读与写》2007年第1期，有改动）

- 标题形象、耐人寻味
- 称谓
- 开门见山，提出观点
- 正文部分
- 主体观点鲜明突出，论证有力
- 结语发出号召，鼓动性强

任务实施 >>>>

学校团委给闫坤所在班级定下的国旗下演讲主题是"不负青春，强国有我"，请你搜集有关资料，精心构思，帮闫坤同学拟一份主题鲜明、结构合同演讲提纲。

巩固练习 >>>>

1. 演讲稿具有＿＿＿＿、＿＿＿＿、＿＿＿＿、＿＿＿＿等特点。

2. 下面是某校一位同学参加竞选的演讲稿，请找出其中表述不得体的地方并做修改。

竞选演讲稿

尊敬的各位评委老师、亲爱的同学们：

你们好！

我是来自2020级机电一班的严涛，很高兴今天能荣幸地站在这里参加本届学生会的竞选。我竞选的职位是学生会文体部部长。我竞选的理由很简单，我曾先后担任过班里团支部的宣传委员、副班长，有一定的班级工作经验和管理能力，曾多次受到班主任老师的表扬和同学们的好评，早就想加入学生会一展身手，以更好地锻炼自己，为同学服务。我兴趣爱好比较广泛，擅长象棋，还曾在今年5月份学校"魅力青春"歌咏比赛中获得过一等奖第一名的好成绩。

　　我有信心、有能力胜任文体部部长的工作，请各位评委老师和同学们信任我、支持我，给我一个锻炼的机会，给我一个施展才能的舞台，我一定加强学习，努力工作，积极主动，以身作则，不辜负大家对我的期望；广泛听取同学们的意见和建议，与学生会的其他同学一道搞好各项工作，用多姿多彩的文体活动丰富同学们的课余生活。

　　请大家多多支持，投我一票。谢谢！

　　3. 中央电视台曾经推出系列宣传片《大国工匠》，给我们展示了一群不平凡劳动者的成功之路。他们技艺精湛，令人叹服。有人能在牛皮纸一样薄的钢板上焊接而不出现一丝漏点，有人能把密封精度控制在头发丝的五十分之一，还有人检测手感堪比X光般精准……他们之所以能够匠心筑梦，凭的是传承和钻研，靠的是专注与磨砺。"问渠那得清如许，为有源头活水来"，人的心灵深处一旦有了源源流淌的"活水"，便有了创业创造、有新建树的不竭"源泉"，而且是"成功之源"。这个"成功之源"就是——爱岗精神、敬业自觉。借助网络观看《大国工匠》视频，以"大国工匠给我的启示"为题写一篇演讲稿，不少于500字。

<<<< **微拓展** >>>>

1. 根据演讲话题，高效组织素材，明确演讲思路。

2. 掌握演讲逻辑，把控讲话节奏和表达效果。

3. 设计互动环节，增加听众参与度和影响力。

4. 配合肢体语言，展示自我形象和个人气质。

任务 4 撰写总结

情境导入 >>>>

日月如梭，光阴似箭。一学期的学习生活很快就要结束了，闫坤和同学们似乎已经看见愉快的假期在向他们招手。

班会上，李老师让大家好好反思本学期的学习、生活情况，还要写出个人总结，要求全面客观，既要看到进步和成绩，也要找出不足和问题，并明确改进措施和努力方向。

看着老师满是期待的目光，闫坤陷入了沉思。是啊，回顾这半年的经历，体会还真是挺多的，有收获成功的喜悦，也有遇到挫折的苦涩。参加了一些班级活动，通读了路遥的长篇小说《平凡的世界》，入选了校技能队，代表班级进行国旗下的演讲，期末成绩由中游进步到上游，所在宿舍被评为文明宿舍，参加全市技能大赛以微弱的差距输给了外校的同学，与金牌擦肩而过……

"闫坤，你想好怎么写了吗？"同桌拉了拉闫坤的衣襟，"帮帮我可以吗？"闫坤定了定神，说道："总结的内容我考虑了一下，不过具体的格式和结构安排，咱们还得参考参考别人的样例。"

例文借鉴 >>>>

2022—2023 学年第一学期个人总结

时光过得真快，转眼间一学期的学习生活即将结束。这一学期，我逐步适应了学校的课程安排与生活节奏，与班里的同学相处也很愉快。在老师和同学们的帮助下，我越来越成熟，在思想认识、专业学习、生活能力等多个方面都有了一些进步。

首先是思想与纪律方面。我关注国家大事，关心社会热点问题，对社会主义核心价值观有了更深入的认识和理解。积极参与学校、班级组织的各项活动，认真完成安全教育平台的学习。本学期，我按时出勤，遵规守纪，能保证上课认真听讲，安心学习。

其次是学习方面。通过不懈的努力，我的学习成绩有了明显的提高。语文、数学等文化课成绩有所提升，尤其是英语进步幅度较大。对专业课的学习肯下功夫刻苦训练，学得相对比较扎实，考取了计算机初级专业技术资格证书、物流管理"1+X"初级证书。

再次是参加活动方面。作为班里的文艺委员，我组织并参加了一次才艺展示活动、一次歌咏比赛。这些活动充分发挥了自己在艺术方面的特长，丰富了我的课余生活。我还积极参加社会实践活动，向社区居民宣传垃圾分类等方面的知识。我会继续保持在参加活动方面的积极性，充分地锻炼自己。

最后是生活方面。我和舍友和睦共处，互帮互助，锻炼了自立自理、自我服务的生活能力。我们不但学会了一些书本上的知识，更学会了很多在社会中生存的技能。我们学会了怎样与别人相处，学会了照顾自己，更学会了照顾别人。

金无足赤，人无完人。本学期，我虽然较以往有明显进步，但也还存在着一些缺点和不足。比如在学习方面，缺乏顽强拼搏、持之以恒的勇气和干劲儿。由于缺乏大量阅读，知识面略窄等。

今后，我要积极向榜样学习，见贤思齐，取长补短，争取学习成绩更进一步，力争进入学校的技能队，在市赛乃至省赛上夺得佳绩，为学校争光。同时，与同学加强团结，增进友谊，力所能及帮助他人，在班级工作中发挥更大的作用，收获更多的快乐！

2020 级物流管理班 于冰
2022 年 12 月 22 日

简析：

这是一份期末学习生活总结。正文采用"总—分—总"的结构。前言简要介绍基本情况，并对从哪几方面总结做简单说明；主体由成绩与经验、存在的问题两部分组成，主要从"做了什么"和"做得怎样"两方面进行具体总结，实事求是，详略得当；结尾提出今后努力方向，并表明决心。这份总结内容全面，层次清晰，对个人今后的学习生活有较强的指导性。

知识链接 >>>>

总结是单位或个人对前期的工作、学习和生活等进行回顾、检查、分析和研究，从中找出经验教训，形成规律性的认识，以便促进今后实践的一种应用文。总结具有客观性、理论性、指导性、时效性等特点。

总结有多种类型，按内容分为工作总结、思想总结、学习总结、生产总结等，按时间分为年度总结、季度总结、月份总结及其他阶段总结等，按范围分为单位总结、部门总结、班组总结、个人总结等，按其性质分为全面总结和专题总结。

总结的格式包括三部分：标题、正文和落款。

1. 标题 总结的标题有多种形式，最常见的是由单位、时间、内容和文种组成，如《××市教育局 2022 年工作总结》。

有的总结采用双标题，正标题点明文章的主旨或重心，副标题具体说明文章的内容和文种，如《构建农民进入市场的新机制——运城麦棉产区发展农村经济的实践与总结》。

2. 正文 总结的正文通常包括前言、主体、结尾三部分。

（1）前言。主要用来概述基本情况，包括单位情况、主要任务、时代背景、指导思想，以及总结目的、主要内容提示等。

（2）主体。一般要写清"做了什么"和"做得怎样"，具体包括过程和做法、经验和体会、问题与不足等方面的内容，工作总结的重点一般放在成绩和经验上。

（3）结尾。是在总结经验教训的基础上，提出今后的方向、任务和措施，表明决心、展望前景。这段内容要与开头相照应，篇幅不宜过长。

3. 落款　一般在正文右下方注明撰写总结的单位或个人，并注明日期。

写作导引 >>>>

写作提示：

1. 实事求是，真实可信

实事求是、一切从实际出发，这是写作总结的基本原则，一定不能在总结中夸大成绩，也不能缩小问题和缺点。

2. 注意共性，把握个性

总结很容易写得千篇一律、缺乏个性。要写出个性，就要有独到的发现、独到的体会、新鲜的角度、新颖的材料。

3. 详略得当，突出重点

总结的选材不能求全贪多、主次不分，要根据实际情况和总结的目的，突出重点内容，避免面面俱到。

写作模式参考：

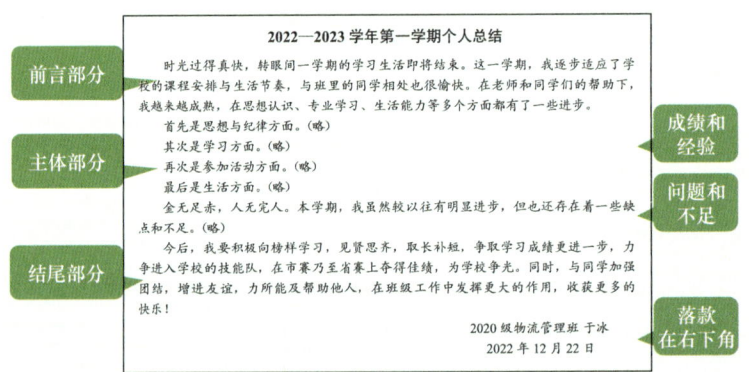

```
                    2022—2023 学年第一学期个人总结

前言部分    时光过得真快，转眼间一学期的学习生活即将结束。这一学期，我逐步适应了学
          校的课程安排与生活节奏，与班里的同学相处也很愉快。在老师和同学们的帮助下，
          我越来越成熟，在思想认识、专业学习、生活能力等多个方面都有了一些进步。
            首先是思想与纪律方面。（略）
主体部分    其次是学习方面。（略）                                成绩和经验
            再次是参加活动方面。（略）
            最后是生活方面。（略）
            金无足赤，人无完人。本学期，我虽然较以往有明显进步，但也还存在着一些缺    问题和不足
          点和不足。（略）
            今后，我要积极向榜样学习，见贤思齐，取长补短，争取学习成绩更进一步，力
结尾部分    争进入学校的技能队，在市赛乃至省赛上夺得佳绩，为学校争先。同时，与同学加强
          团结，增进友谊，力所能及帮助他人，在班级工作中发挥更大的作用，收获更多的
          快乐！
                                             2020 级物流管理班 于冰    落款在右下角
                                                 2022 年 12 月 22 日
```

任务实施 >>>>

请帮助闫坤写一篇个人总结，具体内容可参照情境导入中的部分材料，并结合自己的经历体会再适当虚构补充。内容要全面客观，结构完整，语言力求顺畅，字数要求400字左右。

青青校园篇

> **巩固练习** >>>>

1. 总结具有_____、_____、_____、_____等特点。

2. 下面是一所学校关于开展"安全教育月"工作总结的提纲，请找出其在内容及格式方面存在的问题。

滨海职业学校"安全教育月"活动总结

根据《教育系统"安全教育月"活动实施方案》要求，我校采取多种形式，广泛深入地组织开展了安全教育活动，取得了显著成效，现将"安全教育月"活动情况总结如下：

主要做法：（一）高度重视，提高认识。（二）全方位开展宣传教育活动，普及安全知识。（三）多种形式、有针对性地开展活动。（四）开展安全隐患排查整治，加大值班巡查力度。

存在问题：无

滨海职业学校 2022 年 9 月

3. 根据自己近期参加的学校或班级活动情况写一份活动总结，比如聆听二十大精神宣讲、参加五四演讲比赛等，主要谈谈个人的感悟与收获，即从中学到了什么，有哪些优点值得发扬，存在哪些问题须及时改进，对该活动的展望和建议是什么等。内容要具体，字数不限制。写完后先在小组内交流，各组推选代表后在班内交流展示，相互学习，取长补短。

<<<< **微拓展** >>>>

我们在工作和生活中要勤于总结，善于反思，这样才能不断进步。古今中外许多名人对此都很重视，曾留下一些关于反思自我、总结人生的经典语句。比如：

1. 吾日三省吾身：为人谋而不忠乎？与朋友交而不信乎？传不习乎？——曾子

2. 反省是一面镜子，它能将我们的错误清清楚楚地照出来，使我们有改正的机会。——［德国］海涅

3. 人生最困难的事情是认识自己。——［古希腊］特莱斯

4. 知错就改，永远是不嫌迟的。——［英国］莎士比亚

5. 每个人都会犯错，但是，只有愚人才会执过不改。——［古罗马］西塞罗

6. 自重、自觉、自制，此三者可以引至生命的崇高境域。——［英国］丁尼生

7. 知人者智，自知者明。——老子

项目一学习评价

自我评价表

学习文种	评价要素	评价等级			
		优秀（五星）	良好（四星）	一般（三星）	待努力（三星以下）
计划	1. 能掌握计划的格式特点及写作要求。 2. 能正确修改计划中的常见错误。 3. 能制订出目标明确、内容合理、可行性强的学习或工作计划		☆☆☆☆☆		
读书笔记	1. 了解读书笔记的特点。 2. 掌握读书笔记的写作方法。 3. 能写出摘要式、评注式、心得式等常见形式的读书笔记		☆☆☆☆☆		
演讲稿	1. 了解演讲稿的种类和特征。 2. 掌握演讲稿的一般写作技巧。 3. 会写作主题鲜明、条理清晰、有感染力的演讲稿		☆☆☆☆☆		
总结	1. 掌握总结的格式特点及写作要求。 2. 能正确修改总结的常见错误。 3. 能撰写全面客观、内容充实的学习或活动总结		☆☆☆☆☆		
项目学习整体评价	☆☆☆☆☆ （优秀：五星\良好：四星\一般：三星\待努力：三星以下）				

项目二 进德修业求进步

德是立人之本，业是立身之基。有了高尚的思想品德和扎实的知识技能，我们才能在社会上站稳脚跟。中职生王小乐牢记"进德修业"的校训，充分利用各种机会锻炼提升自己。他的做法可能会对我们有所启发：写份申请书加入心仪的社团，和志趣相投的同学一起增长见识，学习本领；给伸出援助之手为自己雪中送炭的人写封感谢信，让善意与温暖传递给更多的人；通过广播稿把喜讯传送到校园的每个角落，让榜样的力量带动更多的同学；勇于接受拟写简报任务，从零开始学起来。你会慢慢发现，进德修业两手抓，职校生活更精彩。

学习目标

素质提升

1. 主动关注社会、校园的热点话题，注意收集、归纳、总结与之相关的材料，逐步培养勤于动手积累、动脑思考的良好习惯。
2. 形成热爱生活、懂得感恩的道德品质和热爱专业、积极进取的职业精神。

必备知识与关键能力

1. 掌握申请书的格式及写作要求，能写作内容明确、语言得体的申请书。
2. 掌握感谢信及表扬信的常用格式和写作特点，能写作感情真挚、表达顺畅的感谢信与表扬信。
3. 掌握广播稿的语言特点及文体形式，能写作通俗易懂、适合播报的广播稿。
4. 了解简报的特点和格式，能写作内容简明扼要、符合格式要求的简报。

任务1 写申请书

情境导入 >>>>

9月的校园金桂飘香。晚自习前的闲暇时光，王小乐徜徉校园，观花赏果，正乐在其中，忽然听到有人叫他，扭头一看，是学长刘泽宇。小乐赶紧上前打招呼。

"你不是说要做迎新志愿者吗？现在开始招人了。"学长开门见山。

"太好了，学长！去哪里报名？需要什么条件？"小乐很迫切。他有做志愿者的想法，其实是受这位学长的影响。当初王小乐来校报到时，就是这位学长接待的。从报到交材料到领取宿舍用品，再到找宿舍安放行李，办校园卡熟悉环境，学长忙前跑后热情周到，忙得不亦乐乎。后来，他和学长成了好朋友。学长热爱学习、乐于助人的品格深深影响着王小乐。他决心像学长一样，抓住机会锻炼自己，帮助他人。

"别着急，公告栏有通知，咱们去看看具体要求。"学长笑着说。

王小乐认真地研究了招募条件。在学长的指导下，他着手准备写"迎新志愿者申请书"。

例文借鉴 >>>>

申请书

尊敬的老师：

  您好！

  我是2021级旅游服务与管理2班的魏浩然，现申请加入学校记者团。

  在我看来，记者团工作能够第一时间反映校园生活，及时发现、记录、报道学校热点问题；讴歌先进，表彰优秀，宣传好人好事，从而带动更多的人学模范、做榜样，在学习、技能、思想、习惯各方面比学赶帮超，让校园充满正能量。我希望成为记者团的一员。

  我初中时加入过学校小记者团，对摄影、采访、写作等方面有着浓厚的兴趣和一定经验。如果有幸入选，我将发挥特长，积极投入工作。如果未入选，我也会坚持锻炼自己，争取下一次机会。

  恳请您给我一个机会，我必将全力以赴，不辜负您的信任。

  此致

敬礼

申请人：魏浩然

2022年6月16日

简析：

  这是一份为加入学校记者团而写的申请书。标题直接以"申请书"为题。开头先清楚明白地提出申请事项，接着介绍自己对学校记者团工作的认识，明确表达申请理由。理由合理充分，言辞恳切。最后介绍了个人情况及申请优势，并表明态度。这份申请书语言简洁，态度诚恳，叙述清晰，格式规范。

知识链接 >>>>

  申请书是集体或个人向有关部门、单位、组织或团体提出请求、表达愿望时使用的一种应用写作文体。申请书是一种专用书信，在日常工作、学习、生活中都有可能用到。申请书一般由标题、称谓、正文、结语、落款五个部分组成。

  1. **标题** 一般有"申请书"或"×××申请书（内容＋文种）"等写法。如"入团申请书""校园志愿者申请书""国家助学金申请书"等。标题要居中写。

  2. **称谓** 另起一行顶格写明接受申请书的单位、组织、主管部门或有关领导的名称。

  3. **正文** 正文部分是申请书的主体，一般要提出申请事项，说明申请理由。事项要写得简洁明白，理由须写得客观充分。有些申请书还要写清自己的优势，表明自己的决心。

  4. **结语** 可用"特此申请"或"恳请领导批准"等，也可用"此致""敬礼"等通用语。

  5. **落款** 位于正文的右下方，包括申请者与申请日期。个人申请要写清姓名，单位申请要写明单位名称并加盖公章；申请日期位于个人或单位名称的下方。

写作导引 >>>>

  写作提示：

  1. **事项要单一**

  申请书的申请事项要单一明确。一份申请书只提出一个请求或表达一个愿望。不能把多个愿望或请求写到一份申请书里。

  2. **内容要真实**

  申请书的申请理由、个人优势等一定要实事求是，涉及的信息要准确无误，不能虚夸和杜撰。

  3. **态度要诚恳**

  申请书是个人向组织、下级向上级提出请求的文体。这决定了申请书要言辞恳切，语言得体，符合申请者的身份特点。

写作模式参考：

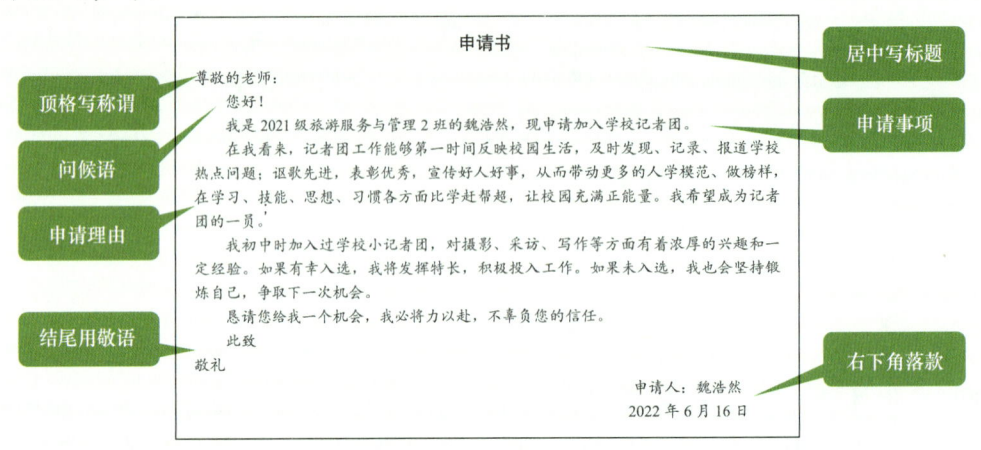

```
                          申请书
  尊敬的老师：
    您好！
    我是2021级旅游服务与管理2班的魏浩然，现申请加入学校记者团。
    在我看来，记者团工作能够第一时间反映校园生活，及时发现、记录、报道学校
  热点问题；讴歌先进，表彰优秀，宣传好人好事，从而带动更多的人学模范、做榜样，
  在学习、技能、思想、习惯各方面比学赶帮超，让校园充满正能量。我希望成为记者
  团的一员。
    我初中时加入过学校小记者团，对摄影、采访、写作等方面有着浓厚的兴趣和一
  定经验。如果有幸入选，我将发挥特长，积极投入工作。如果未入选，我也会坚持锻
  炼自己，争取下一次机会。
    恳请您给我一个机会，我必将全力以赴，不辜负您的信任。
    此致
  敬礼
                                              申请人：魏浩然
                                              2022年6月16日
```

- 顶格写称谓
- 问候语
- 申请理由
- 结尾用敬语
- 居中写标题
- 申请事项
- 右下角落款

任务实施 >>>>

王小乐准备报名加入学校迎新志愿者队伍。他认真研究了志愿者招募条件：一是身体健康，乐于奉献；二是热情大方，善于交流；三是做事认真，责任感强，有吃苦耐劳精神。此外，有志愿者或班干部经历者优先考虑。

王小乐没做过志愿者，但是其他条件他都具备。请根据以上材料帮他写一份申请书。学校、日期等相关信息可虚拟。

巩固练习 >>>>

1. 申请书是集体或个人向有关部门、单位、组织或团体_____、_____时使用的一种应用写作文体。

2. 下面是某学校一位同学写的助学金申请书，请找出其在内容和格式上存在的问题并加以改正。

申请书

尊敬的领导、老师：

我是贵校信息系2022级1班的李佳霖，来自南江市榕树镇水泉村。我家五口人，奶奶身体残疾，常年服药。妈妈有类风湿，手严重变形，不能干活儿。哥哥上大学二年级。全家靠爸爸种地和打零工挣钱，没有其他经济来源，生活困难。为减轻家庭经济负担，继续学业，特提出助学金申请，请学校领导务必予以审核。

此致

敬礼

机电系2022级1班李佳霖
2022年10月16日

3. 国庆节快到了，华都市商贸学校2022级电子商务一班的同学们想举办一场联

欢会。为保证演出效果，他们想使用学校的小礼堂。请以班级名义帮他们写一份申请书，日期等相关信息可以虚拟。

<<<< **微拓展** >>>>

"特殊"的入党申请书

尚晓敏　徐占虎

"我回国近三年来受到党的教育，使我体会到党的伟大，党为实现共产主义社会这一目标的伟大。我愿为这一目标奋斗并忠诚于党的事业。"这是"中国航天之父"钱学森于1958年9月在入党申请书中写下的字句。寥寥数句，却字字铿锵有力。

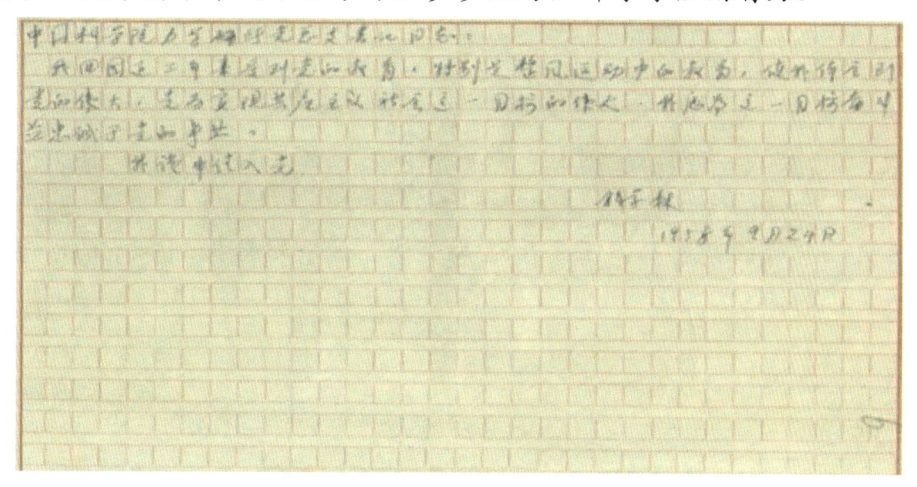

（钱学森的入党申请书，来源：人民网）

面对在美丰厚的物质生活、优越的科研条件，钱学森不为所动，一心想着建设新中国。1955年，钱学森历经千难万险，回到魂牵梦绕的祖国，开启为中国航天事业奋斗一生的历程。钱学森带领科研人员自力更生、潜心研攻，时常出差"消失不见"，甚至连妻子也不知道他的行踪。

在无数科研人的努力下，1964年10月16日，中国第一颗原子弹爆炸成功。

1967年6月17日，中国第一颗氢弹空爆试验成功。

1970年4月24日，中国第一颗人造卫星发射成功。

五年归国路，十年两弹成。在钱学森心里，国为重，科学为重，名利最轻。钱学森用尽一生的时间为国为民，用科学和忠诚交出了让人民满意的答卷，更践行了他为党和人民的事业奋斗终身的铮铮誓言。

（节选自中国军网，有删改）

任务 2 写感谢信（附：写表扬信）

情境导入 >>>>

王小乐如愿以偿地加入了学校记者团，在每天的课余时间里，都走到校园的各个角落，去发现、记录、宣传好人好事，弘扬正能量。每天的新闻资料，他都及时记录在素材本里。这本子上还有他非常喜欢的一位非遗传承人的亲笔签名，非常珍贵。

周一下午放学后，王小乐突然发现素材本不见了，这可把他急坏了。宿舍、教室、餐厅、操场、实训室……白天去过的地方都找了，没找到。他赶紧发动同学、好友帮忙，还是没消息。

正找得焦头烂额的时候，王小乐突然听到校园广播里播送"招领启事"，说有人捡到一个本子交到了广播室。听到这个消息，他连忙向广播室飞奔而去。广播员同学请他描述本子的相关信息，全部吻合……

双手捧着失而复得的素材本，王小乐连声道谢。他决定给捡到本子的同学写一封感谢信，郑重表达自己的谢意。

例文借鉴 >>>>

感谢信

尊敬的南江市职业中等专业学校领导：

我是南江市幸福小区的居民，怀着无比诚挚的心情向贵校学前教育系2021级幼儿保育1班的王梓萌、李欣妍同学表示感谢！

2022年5月27日下午，我的小儿子在家里玩耍，被门外的喧闹声吸引，循声走出了家门。家人发觉孩子不见了，赶紧四下寻找，连个人影儿也没有。全家心急如焚，一边报警一边联系亲朋好友，分头寻找，没有任何消息。

正当我们全家几近崩溃之时，我接到派出所的电话，说孩子找到了。见到孩子，全家人喜极而泣。询问民警得知，是贵校的王梓萌、李欣妍同学把孩子送来的。在放学路上，看到孩子一个人边哭边走，两位善良的同学赶紧前去了解情况。慢慢安慰孩子后，了解到孩子出门玩耍，迷路了，找不到家，也想不起家里的电话。于是两位同学把孩子送到附近的派出所，确保孩子安全回家。

在此，我代表全家由衷感谢王梓萌、李欣妍同学。她们是我们全家的恩人，她们热情善良、助人为乐的精神值得我们学习。由衷感谢南江市职业中等专业学校，感谢你们培养出这样优秀的学生，帮助了我的家庭，让我们体会到了社会的和谐与美好，感受到了人间处处有大爱。相信她们的精神会带动更多人弘扬社会新风尚，传递社会正能量。

　　此致
敬礼

王致远

2022 年 5 月 28 日

简析：

　　这是一份以个人名义撰写的感谢信。标题直接以"感谢信"为题，居中写，比较醒目。称谓是被感谢者所在学校的领导，前加"尊敬的"表示敬意，后加冒号。正文直接点明感谢对象，交代感谢原因，把对方对自己的帮助经过客观清晰地介绍出来，真诚表达感谢之情，赞颂对方的可贵精神。敬语、落款符合规范，语言得体，情感真挚。

表扬信

太仓市浮桥中学：

　　2022 年 6 月 11 日 19 时许，一女子跨上浮桥镇和平路七浦桥扶手欲跳河轻生。贵校学生陈国强、高子豪、韩绪、李爽四名同学恰巧路过，发现险情后，上述四名同学果断劝阻，沉着应对，并及时与老师和警方取得了联系。在我所民警到达前，他们一直陪伴在该女子身边，对其进行安抚。在此特向上述四名同学见义勇为、见义智为的行为提出表扬。

　　相信上述四名同学的优良表现，离不开贵校与姚欣老师、陆佳俐老师平日的培养。他们懂得生命的意义，更能珍视他人的生命，面对危难果断出手、以智取胜，体现了当代中学生高尚的道德情操和崇高的社会责任感。也祝愿他们今后的学习和生活蒸蒸日上！

太仓市公安局港区派出所（盖章）

2022 年 6 月 21 日

（摘自太仓文明网，有改动）

简析：

　　这是一份以单位名义撰写的表扬信。标题、称谓、正文、结尾、落款齐全规范。表扬信的正文概括叙述了受表扬者的事迹，时间、地点、人物、事件、经过、结果叙述完整，条理清楚。对涉及人物及其事迹积极评价，提出表扬，语言简洁凝练；并对学生所在学校和老师给予肯定，指出此事件体现的精神意义，结尾还表达了祝愿。此文以单位名义撰写，落款加盖公章。

知识链接 >>>>

一、感谢信

感谢信是集体或个人对关心、帮助、支援己方的集体或个人表示感谢的专用书信。感谢信的发出者和感谢对象可以是集体，也可以是个人。

感谢信一般由标题、称谓、正文、结尾、落款五部分组成。

1. **标题**　一般有"感谢信""致×××的感谢信"等拟法。感谢信的标题要居中写。

2. **称谓**　在标题下面一行顶格写要感谢的集体、组织名称或个人姓名，后加冒号。写给个人的感谢信，姓名后要加适当的称呼，如"同志""先生""女士"等。

3. **正文**　主要写感谢原因和感谢之情。正文的开头写明感谢原因，简要叙述对方对己方的帮助，写清人物、时间、地点、事件、原因、经过、结果，并叙述事件的积极影响；接着对致谢对象的行为做积极评价，赞颂对方的可贵精神和高尚品格等，表达自己的感谢之情；还可以表达要向对方学习的态度及决心。

4. **结尾**　写感谢和祝福的话，如"向您致以最诚挚的谢意，并祝您××××××"等，也可用"此致""敬礼"等祝颂词，还可以自然结束正文，不写祝颂语。

5. **落款**　在正文右下方署上单位名称或个人姓名，并在其下方注明日期。以单位名义写的感谢信，落款处须加盖公章。

二、表扬信

表扬信是对单位或个人的模范行为或高尚风格进行表扬的专用书信。表扬信的发出者和表扬对象既可以是集体，也可以是个人。

表扬信的结构与感谢信基本相同，一般由标题、称谓、正文、结尾、落款五部分组成。

1. **标题**　一般有"表扬信""表扬×××的先进事迹"等写法。表扬信的标题和感谢信一样，也要居中写。

2. **称谓**　在标题下面一行顶格写对收信者的称谓，一般写被表扬者的单位或所在社区名称，后加冒号。如果是写给个人的，应在姓名之后写上"同志""先生""女士"等字样。

3. **正文**　表扬信正文开头一般介绍被表扬者的先进事迹，接着写对被表扬者的肯定和评价，最后还可以表达自己向被表扬者学习的态度。如果是写给被表扬者单位或社区的，可提出对其进行表扬的建议。正文是表扬信的重点，要注意叙事清楚，实事求是，评价得当，言辞恳切。

4. **结尾**　写祝愿的话或"此致""敬礼"等表示敬意的语句；也可以自然结束正文，不写祝颂语。

5. **落款**　在正文右下方署上单位名称或个人姓名，并在其下方注明日期。以单位名义写的表扬信，落款处还须加盖公章。

写作导引 >>>>

写作提示：

1. 内容要真实

内容以主要事迹为主，要实事求是，表达清晰，做到见人、见事、见精神，不夸大也不缩小，以免留下不真实、虚夸的印象。

2. 言辞须恳切

语气要热情、恳切，评价恰如其分。感情真挚自然，能充分表达感激、颂扬之情。用语要符合双方的身份，如性别、年龄、职业等。

3. 送达应及时

尽早完成文稿并及时送达，以体现感谢者或表扬者的迫切心情。

写作模式参考：

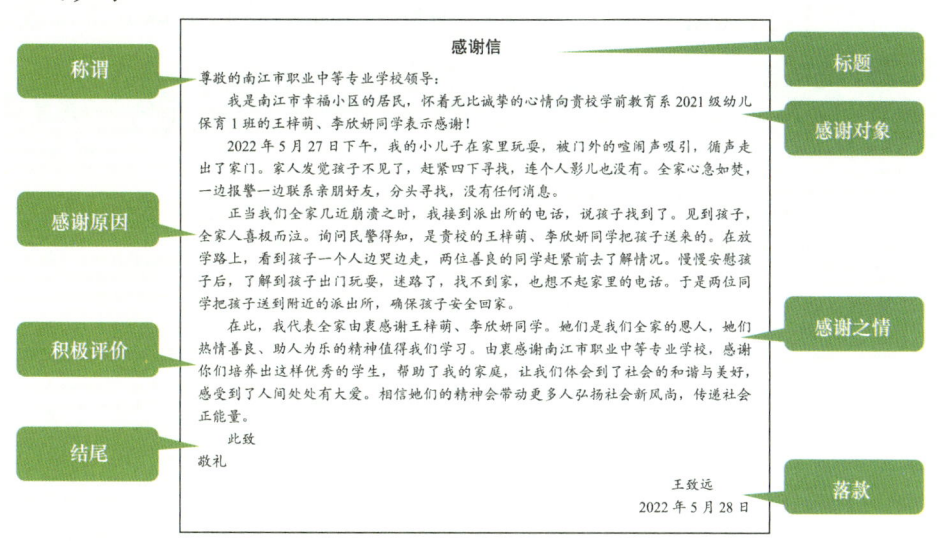

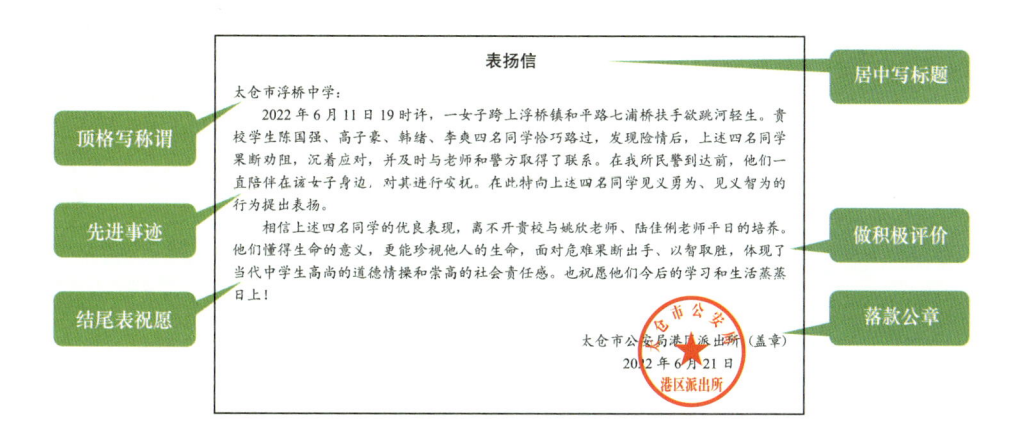

感谢信

尊敬的南江市职业中等专业学校领导：

　　我是南江市幸福小区的居民，怀着无比诚挚的心情向贵校学前教育系2021级幼儿保育1班的王梓萌、李欣妍同学表示感谢！

　　2022年5月27日下午，我的小儿子在家里玩耍，被门外的喧闹声吸引，循声走出了家门。家人发觉孩子不见了，赶紧四下寻找，连个人影儿也没有。全家心急如焚，一边报警一边联系亲朋好友，分头寻找，没有任何消息。

　　正当我们全家几近崩溃之时，我接到派出所的电话，说孩子找到了。见到孩子，全家人喜极而泣。询问民警得知，是贵校的王梓萌、李欣妍同学把孩子送来的。在放学路上，看到孩子一个人边哭边走，两位善良的同学赶紧前去了解情况。慢慢安慰孩子后，了解到孩子出门玩耍，迷路了，找不到家，也想不起家里的电话。于是两位同学把孩子送到附近的派出所，确保孩子安全回家。

　　在此，我代表全家由衷感谢王梓萌、李欣妍同学。她们是我们全家的恩人，她们热情善良、助人为乐的精神值得我们学习。由衷感谢南江市职业中等专业学校，感谢你们培养出这样优秀的学生，帮助了我的家庭，让我们体会到了社会的和谐与美好，感受到了人间处处有大爱。相信她们的精神会带动更多人弘扬社会新风尚，传递社会正能量。

　　此致

敬礼

王致远

2022年5月28日

（称谓、标题、感谢对象、感谢原因、感谢之情、积极评价、结尾、落款）

表扬信

太仓市浮桥中学：

　　2022年6月11日19时许，一女子跨上浮桥镇和平路七浦桥扶手欲跳河轻生。贵校学生陈国强、高子豪、韩绪、李奥四名同学恰巧路过，发现险情后，上述四名同学果断劝阻，沉着应对，并及时与老师和警方取得了联系。在我所民警到达时，他们一直陪伴在该女子身边，对其进行安抚。在此特向上述四名同学见义勇为、见义智为的行为提出表扬。

　　相信上述四名同学的优良表现，离不开贵校与姚欣老师、陆佳俐老师平日里的培养。他们懂得生命的意义，更能珍视他人的生命，面对危难果断出手、以智取胜，体现了当代中学生高尚的道德情操和崇高的社会责任感。也祝愿他们今后的学习和生活蒸蒸日上！

太仓市公安局港区派出所（盖章）

2022年6月21日

（居中写标题、顶格写称谓、先进事迹、做积极评价、结尾表祝愿、落款公章）

任务实施 >>>>

根据情境导入提供的材料帮王小乐写一封感谢信。

写作要求：内容设置合理，表达富有条理，能体现王小乐表达感谢的迫切心情，言辞恳切，格式规范。人物姓名、学校、日期等相关信息可虚拟。

巩固练习 >>>>

1．感谢信是单位或个人对关心、＿＿＿＿＿＿、＿＿＿＿＿＿己方的单位或个人＿＿＿＿＿＿的专用书信；表扬信是对单位或个人的＿＿＿＿＿＿或＿＿＿＿＿＿进行表扬的专用书信。

2．阅读下面这封表扬信，找出其在内容和格式方面存在的问题并加以改正。

南江市中等职业学校：

前几天，市自来水公司的职工李女士来图书馆借书，不慎遗失一个黑色手提包，内有不少重要物品。你们学校2021级数控2班薛峰同学在借阅处捡到了手提包，并在原地等了一下午无人认领，把手提包交给图书馆工作人员，请工作人员帮助找到失主并归还。几经辗转，手提包完好无损交到失主李女士手中。在此特向薛峰同学拾金不昧的行为提出表扬。

薛峰同学的优良表现，离不开贵校的悉心培养，体现了贵校在中专生思想品德教育中取得的优秀成果。祝愿贵校越来越好，为社会培养更多优秀人才。

2022年7月6日
南江市图书馆

3．暑假期间，南江市中等职业学校安排2020级汽车修理专业的同学去某汽车修理厂实习，由学校实习就业办的孙老师带队。实习期间，孙老师有求必应，对同学们非常热心，关怀备至。为期一个月的实习圆满结束，请以全体实习学生的名义，给孙老师写一封感谢信。

<<<< 微拓展 >>>>

"放大镜"下的感谢信与表扬信

感谢信与表扬信有相同之处,也有细微差别。拿起"放大镜",看个究竟吧!

比较项目	比较内容	
	感谢信	表扬信
相同点	二者结构相同,一般都有标题、称谓、正文、结尾、落款等五部分	
	二者写作格式基本一样,都是居中写标题,顶格写称谓,正文的右下角落款等	
	感谢信与表扬信的发出者和接收者都可以是个人或集体	
不同点	感谢信重在感谢,突出被感谢的人对自己的帮助	表扬信重在表扬,突出被表扬的人或事包含的现实教育意义,弘扬正气
	感谢信一般当事人自己写	表扬信不一定当事人自己写
	感谢信多用于平级之间,或者个人对单位	表扬信多用于上级对下级,或者单位对个人

任务3 编辑广播稿

情境导入 >>>>

"王小乐！好消息！特大好消息！"记者团团长孙一鸣一脸兴奋，气喘吁吁。

"你倒是说呀！"王小乐好奇心爆棚，着急地问。

"李鸣宇……技能大赛……获奖啦！金奖！全国金奖！"

"啊！"王小乐一蹦三尺高，"太好了，太好了！"

李鸣宇是王小乐一直跟进报道的一位同学，技能训练非常刻苦，称得上"冬练三九，夏练三伏"。一分耕耘一分收获，从校级选拔，到市赛、省赛，李鸣宇一路过关斩将，脱颖而出。王小乐对他佩服得五体投地，写过好几篇报道宣传他的事迹。这次荣获了国赛金奖，果然是"有志者事竟成"。

看到王小乐只顾傻乐，孙一鸣拍拍他的肩膀："喂，乐傻了？我来找你，是让你赶紧写篇广播稿，把这个大好消息告诉咱们全校师生，让大家都高兴高兴，也为李鸣宇做个宣传。"

"好嘞！"王小乐立马敬了个礼，"保证完成任务！"

例文借鉴 >>>>

匠心职业学校文化中心落成典礼举行

6月14号早上八点半，匠心职业学校文化中心落成典礼在尚德广场举行，全体教职工参加。

首先，学校党委书记、校长谢华章致辞。谢校长指出，学校文化中心包括图书馆、阅览室、校史馆、生态标本馆、科技艺术馆和活动展示区，广集优势、精心设计、格调高雅、富有品位，是师生阅读提升、修心养性的心灵家园。

接下来是校史纪念碑揭牌仪式。校史纪念碑碑文记录了学校的迁建历史，歌颂了全体教职工精诚团结的"匠心力量"，赞扬了优美的校园环境，坚定了职教报国、技能成才的信念，激励全体教职工，为把学校建成职教名校继续努力。

随后，全体教职工参观文化中心、非遗展厅等。优雅的环境，精巧的布局，一处处精美的展示，一件件精致的艺术品，吸引在场教师停下脚步观看。

简析：

这篇广播稿的内容是学校文化中心落成典礼。标题简洁明了，导语概括介绍报道的主要内容。正文采用新闻报道的形式，按照时间顺序介绍了校长致辞、校史纪念碑揭牌仪式、教职工参观等事件经过。全文脉络清晰，篇幅适当。语言通俗，多用短句，体现了广播稿的特点。

知识链接 >>>>

广播稿是为广播站、广播电台等广播媒体写的供广播用的稿件，主要包括消息、通讯、专访、录音报道等各种具有新闻特征的文章。广播稿具有通俗易懂、可听性强、篇幅短小等特点。

广播稿一般由标题、导语、主体、结尾组成。

1. 标题 广播稿的标题要简洁明了，富有吸引力，能反映整个报道的主要内容，须居中书写。

2. 导语 概括介绍广播稿要报道的主要内容，语言要简明扼要。

3. 主体 通常要讲明报道事件的时间、地点、人物以及事情的起因、经过、结果等，完整表达基本事实，准确呈现消息主题。广播稿要确保内容新颖、真实。与其他传媒新闻稿件不同的是，广播稿要读起来顺口，听起来顺耳，因此广播稿的语言要通俗易懂，表达语句多采用简短句式。在通常情况下，广播稿以第三人称来写。

4. 结尾 广播稿的结尾没有固定格式，一般要照应开头，简短精练。如何结尾，往往依据内容而定，形式上比较灵活。

写作导引 >>>>

写作提示：

1. 篇幅要短小

广播稿靠声音向听众传播，篇幅太长，容易使听众产生听觉疲劳，也不易把握重点。这就要求广播稿要短小精悍，要在有限的篇幅内，向听众传达更多的信息。

2. 条理应清晰

为符合听众的听觉习惯，广播稿尽量采用顺叙方式，按时间或事物发展的顺序写作，让听众一听就明白。尽量少用或不用倒叙、插叙等。

3. 语言宜通俗

广播稿的语言应力求顺口顺耳，明白如话，让人一听就懂。多用口语，少用书面语或文白夹杂的语言；多用表意明确的短句，少用结构复杂的长句。

写作模式参考：

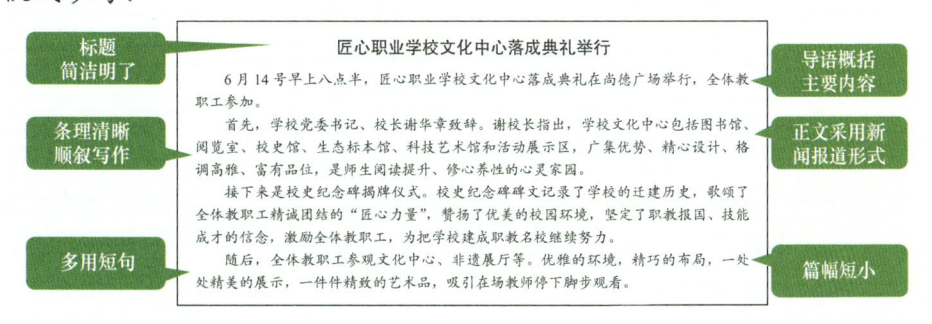

匠心职业学校文化中心落成典礼举行

（标题 简洁明了）

6月14号早上八点半，匠心职业学校文化中心落成典礼在尚德广场举行，全体教职工参加。（导语概括主要内容）

首先，学校党委书记、校长谢华章致辞。谢校长指出，学校文化中心包括图书馆、阅览室、校史馆、生态标本馆、科技艺术馆和活动展示区，广集优势、精心设计、格调高雅、富有品位，是师生阅读提升、修心养性的心灵家园。（正文采用新闻报道形式 / 条理清晰 顺叙写作）

接下来是校史纪念碑揭牌仪式。校史纪念碑文记录了学校的迁建历史，歌颂了全体教职工精诚团结的"匠心力量"，赞扬了优美的校园环境，坚定了职教报国、技能成才的信念，激励全体教职工，为把学校建成知名校继续努力。

随后，全体教职工参观文化中心、非遗展厅等。优雅的环境，精巧的布局，一处处精美的展示，一件件精致的艺术品，吸引在场教师停下脚步观看。（多用短句 / 篇幅短小）

任务实施

作为记者团成员，王小乐写了不少新闻报道。这次的任务是广播稿，王小乐放学后就开始琢磨：广播稿和其他的新闻报道有什么不同呢？他打算先查资料，拟出草稿后再请团长帮忙修改。请根据"情境导入"的背景说明，帮王小乐完成这篇广播稿，并进行组内交流，共同讨论、修改，加以完善。

巩固练习

1. 广播稿具有通俗易懂、_____、_____等特点。

2. 写广播稿要尽量少用书面语和长句，避免增加听感与理解方面的难度。根据这一原则将下面的句子改成适合广播的语句。

（1）为丰富同学们的课余生活，学校阅览室全部开放。走进阅览室，老师、同学都在看书。有的在看《读者》，有的在看《红楼梦》。人虽不少，可室内鸦雀无声，唯有墙上的钟表，依然嘀嘀嗒嗒地走着。

（2）重阳节那日我校同学一行十余人在老师带领下于夕阳红养老院为老人们打扫卫生表演节目归置物品的敬老活动效果杠杠滴。老人们开心的笑脸让俺们感觉不虚此行。

3. 2022年9月16日，由南江市教育局主办，匠心职业学校承办的南江市中职学校2022年经典诵读展评活动隆重举行。全市各中职学校共有16个代表队参加了比赛。匠心职业学校李清华老师指导的作品《劝学》荣获一等奖。该校决定通过校园广播向广大师生发布这一好消息。请根据以上材料，写一篇广播稿，字数不限，相关信息如参赛学生、参赛地点等可虚拟。

<<<< 微拓展 >>>>

牢记"四多与四少"，轻松驾驭广播稿

1. 多用短句，少用长句

我们的平常口语和听觉习惯都以短句为多。句子长了，不方便读也不方便听。广播稿表达要干脆利索，突出句子主干，不用不必要的附加成分，多用易读易记有节奏感的短句。

2. 多用口语，少用书面语

广播稿是用耳朵听的，要求语言明白易懂口语化。比如参与人数多达千人，用"超过千人"而不是"逾千人"；告诫小朋友"不要在水边玩耍"而不是"切勿在水边玩耍"。要把书面语改为口语，文言改为白话，方言改为普通话（比如"馍馍"应为"馒头"），确保"上口入耳"。

3. 多用顺叙，少用倒叙

广播稿的叙事，一般按事物发展顺序展开，符合听众的接受习惯。如果用倒叙等复杂结构，容易让听众摸不着头脑。

4. 多用字准意明的词语，少用注释标点和同音异义词

广播稿尽量不用小括号、破折号、省略号及表示否定含义的引号等，因为其中的内容不便读出来，往往使人产生不同的理解，应尽量改用文字表达。如"《红楼梦》（长篇小说）"应改为"长篇小说《红楼梦》"。还要避免因音同字不同造成误解。比如桌上放着大葱和酱，有人告诉你要"蘸着吃"，你是不是有可能理解为要"站着吃"？

任务 4 拟写简报

情境导入 >>>>

2022 年 5 月 12 日，本年度职业教育活动周启动，学校各系根据各自专业特点开展了系列展示活动。

各专业团队的活动可谓精彩纷呈：电商专业直播宣传非遗传承文化作品，汽修专业展示汽车故障检测与维修技术，会计专业展示点钞、记账等会计基本功，学前教育专业则排练了大合唱、民族舞，还有烹饪专业的果蔬拼盘、冬瓜雕花等。

作为学校记者团成员，王小乐又是拍照又是录像，忙得不亦乐乎。

刚想喘口气、歇歇脚的时候，团委张老师叫住了他："小乐，这次活动周学校要出一份简报，你要不要锻炼一下，拟个初稿？"

"得令！"

"给你一份学校双选会的简报，你先看看格式是如何安排的。"

"谢谢张老师！"王小乐口中答应着，顺手接过张老师递过来的参考材料。

例文借鉴 >>>>

匠心职业学校工作简报

第 5 期

匠心职业学校办公室　　　　　　2022 年 5 月 10 日

匠心职业学校举行
学前教育专业毕业汇报暨岗位实习双选会

2022 年 5 月 10 日上午，匠心职业学校学前教育专业"青春起航：与新时代同行"毕业汇报暨岗位实习双选会在校内举行。全市 30 余家幼儿园及早教机构出席，2018 级大专学前教育专业 200 余名同学参加。匠心职业学校党委书记、校长谢华章参加并致欢迎辞。学前教育系相关负责同志全程参与。

谢华章首先对各用人单位的到来表示热烈欢迎。他介绍了学校的基本情况和学前教育专业的办学优势，并对即将走向幼儿教师岗位的毕业生提出殷切期望。他希望同学们牢记校训，努力做一名优秀的幼儿教师，积极在平凡的岗位上建功立业，奉献社会。

双选会在毕业生精彩的汇报演出中拉开帷幕。合唱、舞蹈、钢琴演奏、相声、话剧、脱口秀等轮番上演，完美呈现了同学们扎实的专业功底和奋发有为的精神风貌，赢得了现场观众的阵阵掌声。

演出结束后，市幼儿教育集团校长宋思源致辞，祝贺演出取得圆满成功，并现场进行招聘宣讲。随后，所有学生和招聘单位人员都来到综合楼一楼招聘现场。学生们主动与用人单位沟通交流就业信息，认真阅读用人单位招聘简章，并就工作内容、岗位职责、发展前景、薪资待遇等问题进行现场咨询。参会用人单位对双选会提供的沟通平台表示感谢，并希望能和学校进一步加强合作。

本场双选会的成功举办，体现了匠心职业学校对学生就业工作的高度重视和为保障好毕业生对口就业、充分就业、优质就业做出的努力。

报：南江市教育局领导班子成员，南江市教育局办公室、职继科、
　　思政科负责人，匠心职业学校领导班子成员
送：南江市商贸学校、南江市理工学校
发：匠心职业学校各系部、各处室

匠心职业学校办公室　　　　　　2022 年 5 月 10 日印发

简析：

  这是一份工作简报，内容是关于毕业生汇报演出暨岗位实习双选会。简报标题简洁明了，突出"学前教育专业毕业汇报暨岗位实习双选会"的主题。导语扼要交代时间、地点、事件、参与人员等主要事实。主体按时间顺序介绍双选会的具体进行情况，依次是校长讲话、学生汇报表演、用人单位与学生双选情况等。结尾指出本次活动的意义所在。报头、报身、报尾要素齐全，格式规范。

知识链接 >>>>

  简报就是简明扼要的情况报道，它是一种用以传递信息、沟通情况、交流经验的内部文件，又称"动态""简讯""内部参考"等。简报有三个主要特点：一是新闻性。简报内容与新闻报道近似，要真实反映新情况、新问题，并以最快的速度上传下达。二是简洁性。简报篇幅要短，一般几百字即可；语言要简洁明了，力求以最少的文字表达最大的信息量，不宜长篇大论。三是内部交流性。简报内容往往是本机关、单位的内部情况或相关外部信息，只限于内部交流，不公开发行。如果涉及国家机密，要在报头指定位置注明秘密等级和保密期限。

  简报由报头、报身、报尾三部分组成。

  1. 报头 报头包括简报名称、期数、编发单位和印发日期。报头第一行居中写简报名称，正下方写简报期数，期数左下方是编发单位的全称，右下方是印发日期。如有秘密等级，写在简报名称的左上方，如"秘密""机密""绝密"等，也有的写"内部文件"或"内部资料，注意保存"等字样。下方用一条横线与报身隔开。

  2. 报身 这是简报的正文，由标题、导语、主体、结尾四部分组成。标题与新闻标题类似，力求准确简明地揭示主题。导语就是用一句话或一段话，概括全文的中心或主要事实，一般要交代时间、地点、事件、结果等内容。主体是简报的主干，要用富有说服力的典型材料，把导语内容进一步具体化。结尾一般用一句话或几句话结束全文。如果前面已把事情讲清楚了，也可以不写结尾。

  3. 报尾 报尾用两条平行横线框起来，与报身隔开。根据需要写明发送范围。左侧从上到下写明报、送、发的单位或个人（职务）名称。"报"，即报送的上级单位；"送"，即送往的同级或不相隶属的单位；"发"，即发放的下级单位。有的简报最后注明编发单位和印出日期。有的简报还要求写清印刷份数，以便管理、查对。有的简报则没有报尾。

写作导引 >>>>

写作提示：

1. 真实可靠

  简报具有沟通情况、交流经验、指导工作的作用，它反映的内容必须真实可靠，数字、事例、地点、人物等，必须准确无误，不能失实、掺假。

2. 简明扼要

内容集中，简明扼要，短小精悍，是编写简报的基本要求。一份简报可以登一份材料，集中反映一个问题；也可以根据需要登几份材料，各份材料要分开，可在第一页标题上方印上目录。

3. 迅速及时

简报反映的内容大多是当前重点工作的情况，有很强的时效性，因此要快写、快印、快发。

写作模式参考：

[图示：匠心职业学校工作简报样式，标注有报头（简报名称、期数、编发单位、印发日期）、报身（标题、导语、主体、结尾）、报尾（发送范围）]

任务实施 >>>>

学校的职业教育活动周结束后，王小乐认真研究简报的写法和注意事项，及时梳理活动资料，如启动仪式、具体活动内容、活动开展情况、活动效果等，开始着手拟写简报。请根据以上提示，搜集相关内容，帮王小乐写一份简报初稿。

巩固练习 >>>>

1. 简报就是简明扼要的＿＿＿＿＿＿，它是一种用以传递信息、＿＿＿＿＿＿、＿＿＿＿＿＿的内部文件。

2. 下面是一份简报（报身删减了部分内容），分析报头和报尾存在的问题，并加以改正。

青青校园篇

>

匠心职业学校工作简报

2022 年 7 月 16 日

（第 8 期）匠心职业学校办公室

技能大赛捷报频传

7月16日，在刚刚结束的2022年××省职业院校技能大赛数字影音后期制作赛项中，我校2020级计算机平面设计专业参赛学生王宇豪凭借扎实的专业技能和过硬的心理素质，荣获数字影音后期制作赛项中职组一等奖，实现了我校该项目省赛一等奖零的突破。

……

接下来我校还有三个项目要继续参加省赛的激烈角逐，期盼我校再创佳绩、捷报频传！

发：南江市教育局领导班子成员，南江市教育局办公室、职继科、
　　思政科负责人，匠心职业学校领导班子成员
送：匠心职业学校各系部、各处室
报：南江市商贸学校、南江市理工学校

3．2022年5月26日，匠心职业学校以"舞动梦想，礼赞劳动"为主题在校礼堂举办了"红五月舞蹈艺术节"。全校三个年级共15个班参加了比赛，分别获得一、二、三等奖。仿照例文的格式和写法就此提示材料编写一份简报，字数不限，班级获奖情况等信息可虚拟。

<<<< **微拓展** >>>>

政务信息纸质载体的起源

刘文奎

一般通论，甚至早已在新闻界定论，说邸报是我国最早的报纸，说"敦煌邸报"是现存的世界最古老的报纸。同时，在《我国最早的报纸》（杨子江）、《中国新闻事业史精要》、《中国印刷史》、《王府井，中国的故事（十五）》、《报纸发展史》（吴渍等）、《宋代的新闻管制》等著述中，凡是提及"邸报"一词的，或凡是论及中国最早的报纸的，均言"邸报"是报纸的起源。

有的说，邸报是封建宫廷发布"消息"的政府机关报。《全唐诗话》和《唐语林》等书记载，在伦敦不列颠图书馆发现的"敦煌邸报"发行于唐僖宗光启三年（公元887年）。唐朝末年孙樵（即孙可之，字隐之）在《经纬集》中所述"开元杂报"即为"邸报"。

又说：唐朝的报纸已使用纸张，且用雕版印刷。《中国雕版流考》说："叶（页）十三行，每行十五字，字大如钱。有边线界栏，而无中缝。犹唐人写本款式，作蝴蝶装，墨影漫

041

滤，不甚可辨。"

《中国新闻事业史精要》中说：汉朝的首都开始设"邸"，作为封建王朝的地方和中央之间传播信息和事件的中转机构。又说：封建官报当时称为"邸报""朝报""邸抄""进奏院状""状报"，"邸报"是其中最流行的称呼。宋朝的邸报大部分是手抄的，其中的小部分为雕版印刷。明朝的官报由通政司负责传发，清朝的官报由通政司和提塘官负责传发，所发行的报纸通常称"京报"，有时也混称邸报。

还有，尹韵公先生在《论明代邸报的传递、发行和印刷》一文中，详细论述了邸报的起草、印刷、发送、传递、驿站等环节。

其他论述，如"申报""小报""宫门抄""辕门抄""京报"等，还有很多。此不赘述。

无论如何，邸报在中国新闻史、中国公文史、中国政务信息史中的起源地位是成立的，也是具有划时代意义的。它应该是政务信息、公文、新闻产生的阶段性母体。

[节选自《论政务信息纸质载体的起源》（《办公室业务》2005年第2期），有删节]

项目二学习评价

自我评价表

学习文种	评价要素	评价等级			
		优秀（五星）	良好（四星）	一般（三星）	待努力（三星以下）
申请书	1. 掌握申请书的格式及写作要求。 2. 能正确修改申请书的常见错误。 3. 会写作内容明确、语言得体的申请书		☆☆☆☆☆		
感谢信与表扬信	1. 掌握感谢信与表扬信的常用格式和写作要求。 2. 能正确修改感谢信与表扬信的常见错误。 3. 能写作感情真挚、表达顺畅的感谢信与表扬信		☆☆☆☆☆		
广播稿	1. 掌握广播稿的特点及写作要求。 2. 能正确修改广播稿的常见错误。 3. 能写作通俗易懂、适合播报的广播稿		☆☆☆☆☆		
简报	1. 了解简报的格式和特点。 2. 能正确修改简报的常见错误。 3. 能写作内容简要、格式规范的简报		☆☆☆☆☆		
项目学习整体评价	☆☆☆☆☆ （优秀：五星\良好：四星\一般：三星\待努力：三星以下）				

项目三 校园社团练才艺

校园生活丰富多彩，学生活动有声有色。这些活动的顺利开展离不开学生会干部的辛勤忙碌。作为学生会社团部的部长，刘静同学主要负责社团活动的组织策划和宣传报道。为了制定科学合理的活动方案，及时传达各类活动通知，张贴海报进行宣传发动，以及在学校公众号上介绍学生社团的优异成绩，刘静付出了辛勤的汗水。尽管参与学生会工作占用了她一些课余时间，但刘静毫无怨言，依然忙碌并快乐着。因为她觉得承担这些工作很有意义，不仅能开阔视野，丰富阅历，也能得到锻炼，增长才干，有利于自己全方位发展。

学习目标

素质提升

1. 积极参与丰富多彩的校园活动，通过多样化的活动内容丰富见闻，增长才干。
2. 养成关注校园文化发展以及生活热点现象的主动意识和良好习惯。

必备知识与关键能力

1. 掌握活动方案的格式特点及写作要求，能写作主题鲜明、内容具体、条理清晰、可行性强的活动方案。
2. 了解通知的常见种类、格式特点和写作技巧，能拟写事务性通知、会议通知。
3. 掌握海报的写作特点及要求，能设计主题突出、内容简洁、图文并茂的海报。
4. 了解新媒体宣传稿的常见种类和文体特征，会写内容简明扼要、语言规范顺畅的新媒体宣传稿。

任务1 撰写活动方案

情境导入 >>>>

"同学们，再有半个月将迎来国庆节，学校团委和学生会将共同组织以'喜迎国庆节，逐梦新征程'为主题的歌咏比赛。我们一向主张的原则是：工作要列计划，活动应有方案。刘静，作为社团部部长，这次比赛活动的方案初稿就由你来完成吧。"

团委赵老师直接点将，接到任务的刘静既兴奋又忐忑。得到赵老师的信任，她很高兴；同时又感到有些压力，毕竟是第一次写这种全校性的学生活动方案。刘静心想：一定不能辜负老师的信任，争取拿出一个漂亮的比赛方案。

她先找出学校去年中华经典诗词朗诵大赛的活动方案做参考，又仔细研究本次比赛活动的具体要求和注意事项，心里有了一点眉目。为了使方案初稿更为规范，她又上网搜了一份方案做参考。

例文借鉴 >>>>

东山市第一职业中等专业学校职业教育活动周实施方案

为深入宣传劳模精神、劳动精神、工匠精神，弘扬劳动光荣、技能宝贵、创造伟大的时代风尚，向社会宣传职业教育"前途广阔、大有可为"，展示我校聚焦"提高质量，提升形象"，持续推进教育教学改革所取得的成果，特制订此活动方案。

一、活动目的

1. 通过布展、论坛、讲座等活动形式，积极宣传新修订的职业教育法，让广大师生深入了解新职业教育法的相关内容。

2. 通过技能展示、志愿服务、表彰先进等活动营造"劳动光荣，技能至上"的浓厚学风，激发学生勤练技能的热情，树立志愿服务理念。

3. 通过"校园开放日""云上活动周"等线上线下活动，宣传国家职业教育方针政策、改革发展突出成就；展示我校职业教育办学成果、办学特色，进一步扩大学校的社会影响力。

二、活动主题

技能：让生活更美好

三、活动时间

5月8—14日

四、组织领导

学校成立职业教育活动周领导小组，成员名单如下：

组　　长：李锦修

副组长：张繁华　赵学成

成　　员：谢　昆　刘　刚　苗玉良　季　佳　杨少峰　王雪倩　贺志浩

五、活动内容及要求

1. 在学校教学区文化长廊举办"学习贯彻新修订的《中华人民共和国职业教育法》"图片展，在明德楼一楼大厅举办"学校这十年——与时俱进 铸就辉煌"图片展。学校团委负责布展工作，5月8日前完成。

2. 组织电子电器专业学生志愿者进社区，举行"小家电义务维修"活动；组织护理专业学生志愿者进社区，举行"为你的健康保驾护航"免费查体活动；组织幼儿保育专业学生志愿者到社区敬老院，进行关爱服务及文艺表演活动。培训部与各系部共同组织学生，5月9日进行上述活动。

3. 通过学校官网、微信公众平台举办"线上展览厅""网上开放日""云上活动周"等活动，5月10日举行线下校园开放日、特色职业体验等活动，向学生、家长和社会各界进行宣传。线上线下立体展示活动由学校办公室与招生就业办共同组织。

4. 师生专业技能展示活动，利用5月11日、12日下午的课外活动时间举行，地点安排在各专业实训室，由各系部组织。各位班主任带领学生有序参观。

5. 在教师层面以线下线上结合的方式举办"新职教法：机遇与挑战——名师名匠名企话职教"职教高峰论坛活动。5月13日下午4∶00举行，地点及参与方式另行通知。

6. 举行学校技能大赛获奖师生表彰暨优秀毕业生创新创业成果汇报活动，5月14日下午3∶00在学校大礼堂举行，学校办公室负责会务筹备。

六、保障措施

1. 加强领导，精心组织。各部门须树立全局意识，认真谋划，周密部署，积极配合，共同参与。

2. 明确分工，落实责任。承担活动的各个部门要高度重视，细化任务，明确人员具体分工，落实责任到人，保证环节顺畅；总务处负责活动所需物品的采买供应，全力做好后勤保障。

3. 做好宣传，提高影响。围绕"技能：让生活更美好"活动周主题，重点报道我校的系列活动及办学情况，积极发挥新媒体在宣传中的重要作用，利用校园网、微信平台等媒介做好宣传工作。活动结束后，各相关部门及时将活动记录、活动资料报学校办公室；学校办公室将工作简报及活动总结报市教育局职教处。

4. 加强防范，确保安全。加强安全保卫是确保活动周各项活动顺利进行的重要前提，保卫处要及时排查安全隐患，有序疏导人流，管好车辆停放，确保活动安全。

附件：2022年职业教育活动周活动内容及时间、地点安排表（略）

东山市第一职业中等专业学校

2022年4月29日

简析：

  这是一份周密的职业教育活动周方案。方案采用全称式标题；前言部分介绍了职教活动周的指导思想；接着介绍活动目的、活动主题及活动时间；然后具体介绍活动周的组织领导小组、活动周系列活动安排及实施要求；最后介绍活动周期间学校采取的保障措施，并附有2022年职教活动周活动内容相关信息安排表。此活动方案内容全面，条理清晰，可行性强。

知识链接 >>>>

  活动方案是指为开展某一项活动而制订的具体行动实施办法、细则和步骤等。它属于计划的一种，主要为实施某种具体的活动而制订，在呈现内容上具有鲜明的针对性。

  活动方案的结构一般包括标题、正文和落款三部分。

  1. 标题 一般有两种。一是全称式的，包括单位名称、事由和文种，如"××学校纪念五四青年节活动方案"；二是简明式的，一般由事由加文种组成，如"校园歌手选拔赛活动方案"。

  2. 正文 通常包括指导思想（前言）、活动目标、活动主题、人员组织、活动内容、实施步骤和要求、保障措施等内容。

  指导思想（前言）主要介绍开展活动的依据，或者说明活动的重要意义等；活动目标概括说明此活动所要达到的目的，或者想要解决哪些问题等；活动主题是整个活动的核心要义，即活动围绕什么主旨开展；紧接着是活动时间，往往会在活动主题之后提出，有的活动方案中还会提到活动地点、活动范围等；组织人员也是活动方案中的常见构成要素，有的将其置于活动主题之前，也有的安排在活动主题之后，根据情况而定。

  活动内容及活动的实施步骤是活动方案的主体内容，须详细讲述该项活动的主要项目和具体操作步骤，均可以采用分条列举的方式。介绍活动内容时，要明确说明其任务要求，甚至还可以将该任务再细化，分解成几个环节的小目标，并提出须达到的效果等。说明实施步骤时，可根据具体情况采用总体性方法或者阶段性步骤；如有必要，可以注明哪些部门或人员负责，完成的时限要求等。

  保障措施主要说明开展具体活动、完成相关任务所需要的各方面的条件保证，如组织领导、财力物力安排和其他有关问题的解决等。

  3. 落款 要注明制订活动方案的单位名称或个人，写明成文日期。如果标题中已有制订单位，落款中可以省去该项内容。

写作导引 >>>>

写作提示：

1. 目标明确，切实可行

确定目标是制订活动方案的重要环节，在写作过程中，应采用调查研究和分析预测的方法，客观分析目标是否明确可行。

2. 措施得当，内容完善

制订方案的过程中应通过多种方法深入研究，尽可能避免因措施不当产生问题，或者造成活动方案的内容偏颇。

3. 分析对比，精益求精

制订方案时，要广泛收集资料和依据，进行综合分析，做好可行性研究，通过对各种草案的分析比较，力争重新组合出有新意的好方案。

写作模式参考：

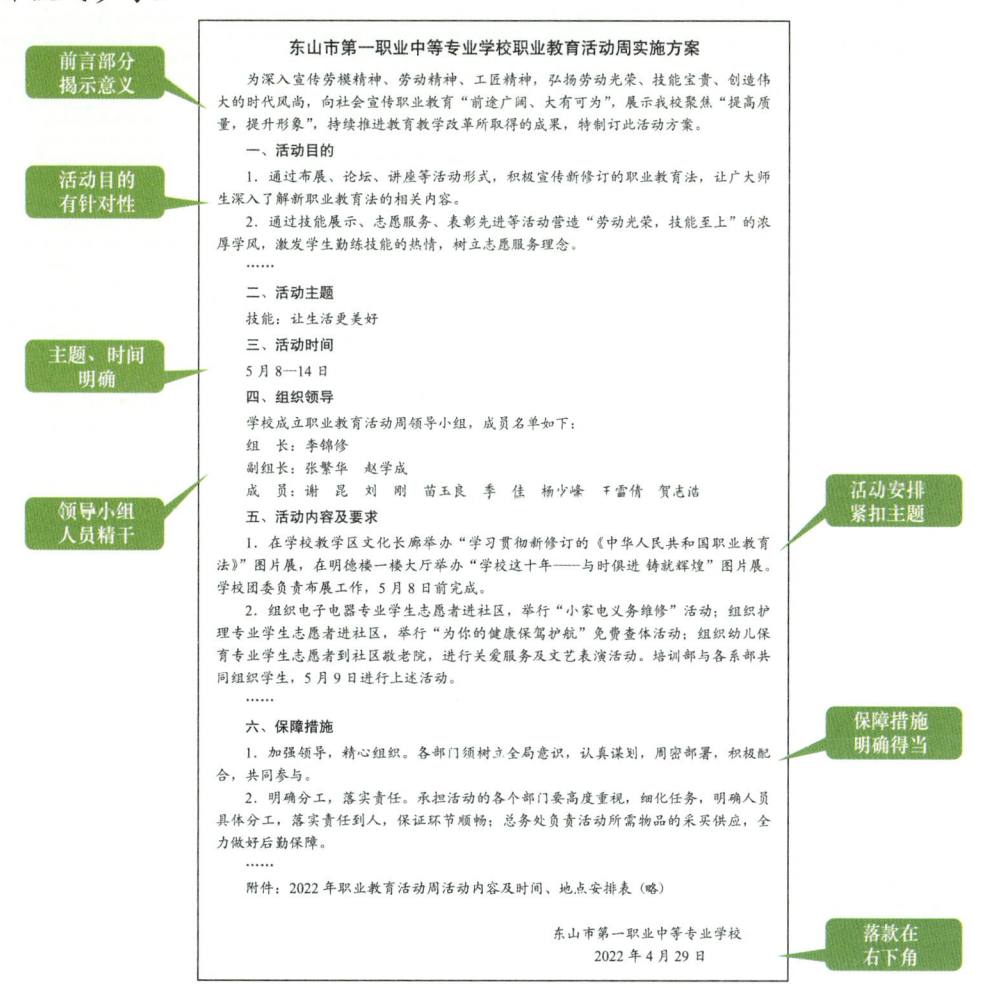

东山市第一职业中等专业学校职业教育活动周实施方案

〔前言部分 揭示意义〕

为深入宣传劳模精神、劳动精神、工匠精神，弘扬劳动光荣、技能宝贵、创造伟大的时代风尚，向社会宣传职业教育"前途广阔、大有可为"，展示我校聚焦"提高质量，提升形象"，持续推进教育教学改革所取得的成果，特制订此活动方案。

一、活动目的

〔活动目的 有针对性〕

1. 通过布展、论坛、讲座等活动形式，积极宣传新修订的职业教育法，让广大师生深入了解新职业教育法的相关内容。

2. 通过技能展示、志愿服务、表彰先进等活动营造"劳动光荣，技能至上"的浓厚学风，激发学生勤练技能的热情，树立志愿服务理念。

……

二、活动主题

技能：让生活更美好

〔主题、时间 明确〕

三、活动时间

5月8—14日

四、组织领导

学校成立职业教育活动周领导小组，成员名单如下：

组　长：李锦修

副组长：张繁华　赵学成

〔领导小组 人员精干〕

成　员：谢　昆　刘　刚　苗玉良　季　佳　杨少峰　千雷倩　贺志洁

五、活动内容及要求

〔活动安排 紧扣主题〕

1. 在学校教学区文化长廊举办"学习贯彻新修订的《中华人民共和国职业教育法》"图片展，在明德楼一楼大厅举办"学校这十年——与时俱进 铸就辉煌"图片展。学校团委负责布展工作，5月8日前完成。

2. 组织电子电器专业学生志愿者进社区，举行"小家电义务维修"活动；组织护理专业学生志愿者进社区，举行"为你的健康保驾护航"免费查体活动；组织幼儿保育专业学生志愿者到社区敬老院，进行关爱服务及文艺表演活动。培训部与各系部共同组织学生，5月9日进行上述活动。

……

六、保障措施

〔保障措施 明确得当〕

1. 加强领导，精心组织。各部门须树立全局意识，认真谋划，周密部署，积极配合，共同参与。

2. 明确分工，落实责任。承担活动的各个部门要高度重视，细化任务，明确人员具体分工，落实责任到人，保证环节顺畅；总务处负责活动所需物品的采买供应，全力做好后勤保障。

附件：2022年职业教育活动周活动内容及时间、地点安排表（略）

〔落款在 右下角〕

东山市第一职业中等专业学校

2022年4月29日

任务实施 >>>>

请根据情境导入中的提示内容，按照活动方案的写作要求，帮刘静同学写一份歌咏比赛的活动方案。学校名称可虚拟，活动时间及人员安排自己设定。

巩固练习 >>>>

1. 活动方案的结构一般包括_____、_____、_____三个部分。
2. 仔细阅读滨海职业学校感恩教育的活动方案，找出其在内容和格式上存在的问题，并加以改正。

滨海职业学校感恩教育活动方案
　　一、活动主题
　　亲情彩虹，感恩家书
　　二、活动目的
　　弘扬中华民族的传统美德，在同学们心中树立"感恩父母，弘扬美德"的良好风尚，表达对父母的感恩之情。
　　三、活动背景
　　在洒满阳光的季节，我们举办这次活动旨在为广大学生提供一个感恩的平台，使大家经历一次人文洗礼，感受一次心灵之旅。这次活动得到了全体师生的高度重视和踊跃参加。我们通过宣传、自报、推荐，然后由各系部主任和班主任进行评选。我们坚信，有社团成员饱满的工作热情和强大的组织能力，以及全校学生的积极参与，这次活动一定会取得圆满成功。
　　四、表演形式
　　诗歌朗诵、相声、歌唱、情景剧等。
　　五、主办单位
　　滨海职业学校学生会
　　六、活动地点
　　学校演播厅
　　七、活动时间
　　2022年9月9日
　　八、参加人员
　　2020级全体学生

滨海职业学校2022年8月26日

3. 《中国诗词大会》是中央电视台推出的大型演播室文化益智节目。节目以"赏中华诗词、寻文化基因、品生活之美"为基本宗旨，力求通过对诗词知识的比拼及赏析，带动全民重温那些耳熟能详的古诗词，分享诗词之美，感受诗词之趣，从古人的智慧和情怀中汲取营养，涵养心灵。为进一步弘扬中华优秀传统文化，学校拟仿照央视《中国诗词大会》的形式，并根据现实条件适当简化活动环节与步骤，举行校内版的"中国诗词大会"。请以小组合作的形式，共同讨论拟订该项活动的具体方案。各小组拟出方案后，在班内交流，相互学习。

<<<< **微拓展** >>>>

图文并茂的活动方案示例

任务2 拟写通知

情境导入 >>>>

新学期新气象，新开端新打算。刚开学不久，几位学生社团的负责人就陆续找到刘静，交上各自社团的活动计划，并纷纷提出要招贤纳士，壮大力量。

对于分管学生会社团部工作的刘静来说，看到大家热情高涨、积极参与，自然是喜上眉梢。经与学生会其他干部商量，又征求了团委老师的意见，刘静他们决定利用周四下午的大课间活动时间统一进行全校的社团纳新活动，地点就安排在学生餐厅东面的青春广场。

刘静又召集各个社团的负责人，统一说明纳新活动的具体要求，比如区域安排、展板设计、才艺展示、表格印制等须注意的事项。几个负责人都摩拳擦掌，信心满满，说保证安排妥当，就等她发活动通知了。

几位社团负责人走后，刘静便着手起草通知。该如何安排通知事项的先后顺序呢？刘静觉得还是应该先找个例文看看再决定。

例文借鉴 >>>>

东海职业学校关于征集学校标志设计作品的通知

全体师生：

我校自1994年建校以来，办学条件显著改善，办学水平显著提升，各项事业取得了长足进步。为适应新形势下学校建设发展的需要，进一步加强学校文化建设，提升办学软实力，经研究，决定面向全校师生征集学校标志设计作品。

一、征集内容

学校标志设计作品。

二、征集对象

全校师生。

三、作品要求

1. 标志包含中英文标准字，应具有主题突出、形式简洁、特征鲜明、独具创意等特点。

2. 标志设计能突出东海职业学校的自身特色，体现学校的教育理念和创新理念。

3. 标志作品具有使用时间的延续性和使用空间的延展性。

4. 所交作品须为原创，不得抄袭。

四、参与方式

1. 提交方式：提交作品一律通过电子邮件发送的方式，请将作品发送至学校指定邮箱：123456@qq.com。

2. 截止时间：2022年8月20日24时。

五、评审及奖励

1. 学校成立专门的标志作品评选工作小组，并聘请校外资深专家组成评审委员会。工作小组负责收集作品，并将其中符合要求的作品编号，通过学校官网、微信公众平台等渠道进行公布，广泛征求广大师生以及关心我校发展的社会各界人士的意见。根据作品得票情况产生入围作品，评审委员会对入围作品进行评审并最终确定各类获奖作品。

2. 评审结果设一等奖1名、二等奖2名，分别给予现金奖励；入围作品可获纪念奖。

一等奖奖励金额：（略）

二等奖奖励金额：（略）

纪念奖奖品：（略）

东海职业学校
2022年7月26日

简析：

这是一篇关于征集学校标志设计的通知。标题一般包含发文单位、事由和文种，简要表明通知内容。正文首先简明扼要地交代通知目的，然后依次从征集内容、征集对象、作品要求、参与方式、评审及奖励五个方面入手，明确说明具体要求。此通知条理清晰，要求明确，格式规范。

知识链接 >>>>

通知是用于发布上级部门对下级部门要求执行的事项，或者传达给其他单位及人员有关信息的一种应用文体，具有广泛性、周知性、时效性等特点。

根据传达或发布内容的不同，通知可以有多种类型，但是其写法和格式大体相同。通知一般由标题、上款、正文和落款四部分组成。

1. 标题　通知的标题通常有三种写作形式。第一种由发文单位、事由、文种组成，如《国务院办公厅关于坚决防止发生重大特大火灾事故的紧急通知》；第二种由事由和文种组成，如《关于举行第六届中华经典诵读比赛的通知》；第三种只写"通知"二字，即只有文种。

2. 上款　上款是指通知的受文对象。在标题下面另起一行顶格写，其名称要写全称或规范化的简称。有些通知无特定受文对象，则可以省略上款。

3. 正文　正文是通知的主体和核心部分，其写法应视通知的实际情况和需要，即由其内容而定。一般写法是：先写明制发通知的缘由、依据或目的；再写明通知的事项，如有关政策、规定，需要周知、办理、执行的事项等。多数通知不用结尾语，有的通知结尾会用到"特此通知""望周知""请按此执行"等用语。如有附加文件等信息，可在正文下面添加附件名称。

4. **落款** 包括发文单位和成文日期，写于正文右下方。如果在标题中已经写明了发文单位，落款处可只写成文日期。

写作导引 >>>>

写作提示：

（1）通知的标题要准确概括行文内容，准确表达发布者的行文意图，不能产生歧义。

（2）上款可以有一个或多个，其名称一定要写清、写全。

（3）通知的语言要规范，简明扼要，条理清晰，容易理解。

（4）通知的事项较多时，可采用条款式行文，便于受文对象领会和执行。

（5）一份通知所提出的要求，最好集中呈现，通常此部分内容置于通知正文的最后。

写作模式参考：

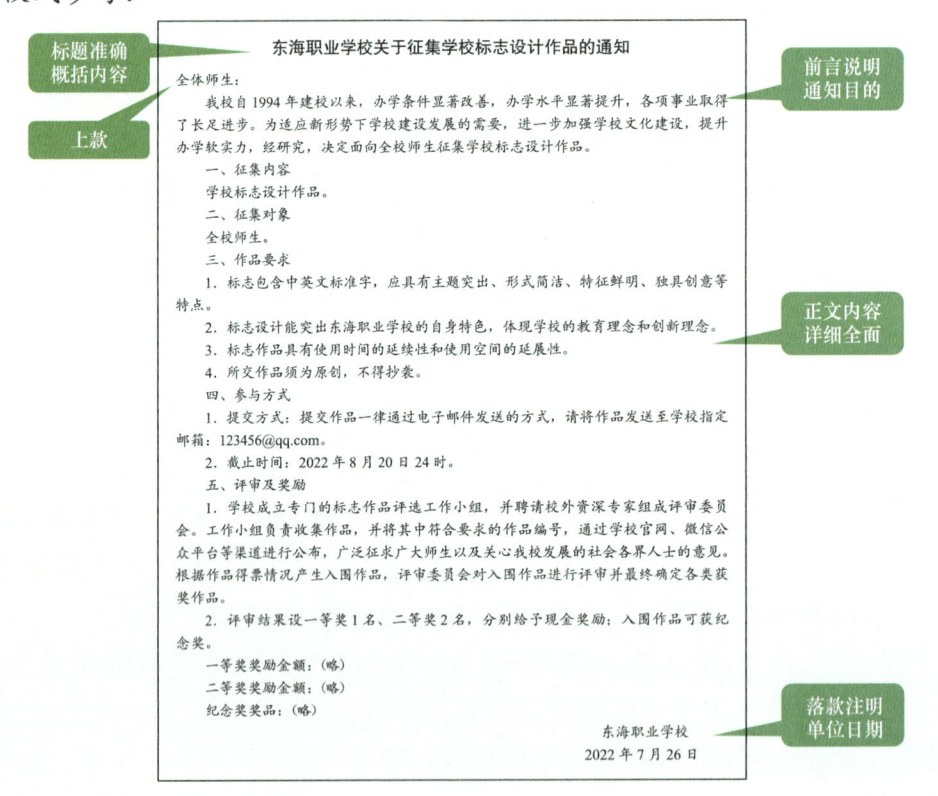

东海职业学校关于征集学校标志设计作品的通知

全体师生：

我校自1994年建校以来，办学条件显著改善，办学水平显著提升，各项事业取得了长足进步。为适应新形势下学校建设发展的需要，进一步加强学校文化建设，提升办学软实力，经研究，决定面向全校师生征集学校标志设计作品。

一、征集内容

学校标志设计作品。

二、征集对象

全校师生。

三、作品要求

1. 标志包含中英文标准字，应具有主题突出、形式简洁、特征鲜明、独具创意等特点。

2. 标志设计能突出东海职业学校的自身特色，体现学校的教育理念和创新理念。

3. 标志作品具有使用时间的延续性和使用空间的延展性。

4. 所交作品须为原创，不得抄袭。

四、参与方式

1. 提交方式：提交作品一律通过电子邮件发送的方式，请将作品发送至学校指定邮箱：123456@qq.com。

2. 截止时间：2022年8月20日24时。

五、评审及奖励

1. 学校成立专门的标志作品评选工作小组，并聘请校外资深专家组成评审委员会。工作小组负责收集作品，并将其中符合要求的作品编号，通过学校官网、微信公众平台等渠道进行公布，广泛征求广大师生以及关心我校发展的社会各界人士的意见。根据作品得票情况产生入围作品，评审委员会对入围作品进行评审并最终确定各类获奖作品。

2. 评审结果设一等奖1名、二等奖2名，分别给予现金奖励；入围作品可获纪念奖。

一等奖励金额：（略）

二等奖励金额：（略）

纪念奖奖品：（略）

东海职业学校
2022年7月26日

（标注：标题准确概括内容；上款；前言说明通知目的；正文内容详细全面；落款注明单位日期）

任务实施 >>>>

请根据情境导入的相关信息帮刘静同学写一份活动通知，具体的活动时间、社团种类可自行设定。

> **巩固练习** >>>>

1. 通知具有_____、_____、_____等特点；一般由_____、_____、_____和_____四部分组成。

2. 某同学根据下面提供的四条信息拟写了一份通知。请帮他检查此通知在格式及内容方面有哪些错误，并做出修改。

   （1）会议内容：筹备为山区贫困学生献爱心活动。
   （2）出席对象：学生会干部、各班班长。
   （3）会议地点：政教处办公室。
   （4）开会时间：5月14日下午5时。

   通知
   　　今天下午，在政教处办公室召开学生会干部或各班班长会议，筹备为山区贫困学生献爱心活动，希准时参加。
   　　此致
   敬礼
   　　　　　　　　　　　　　　　　　　　　　　　　　政教处
   　　　　　　　　　　　　　　　　　　　　　　　5月14日下午5时

3. 根据下面的材料拟写一份通知，通知日期可自行设定。

   为深入贯彻落实党的二十大精神和习近平总书记在庆祝中国共产党成立100周年大会上"未来属于青年，希望寄予青年"的寄语精神，东海职业学校团委准备开展以"技能成才 强国有我"为主题的系列教育活动，活动包括"红色基因传承"摄影竞赛、"朋辈榜样我来说"微视频竞赛和"写给2035年的我"征文比赛三个内容，活动拟于9月底完成，地点初步定在学校礼堂。

<<<< **微拓展** >>>>

公文中的通知种类示例

　　通知作为最常用的公文文种之一，有着广泛的应用场景。根据其用途，常见的有会议通知、任免通知、事务性通知、发布性通知、印发性通知、转发性通知等。

　　会议通知须写清会议名称、召开时间、参会人员、报到须知、有关要求等内容。

　　任免通知根据任免情况，写清任命何人担任何职务，或者免去何人何职务。

例文1　会议通知　　　　　　　例文2　任免通知

事务性通知一般是对某项工作、事务进行安排部署，写法多样。常见的是先写背景、目的、依据等，用"现将有关事项通知如下"等引出正文。

例文3　事务性通知

发布性通知一般用于公布结果、公布名单等，通常先描述活动、比赛等的基本过程，然后公布相关信息，最后提出希望、倡议等。

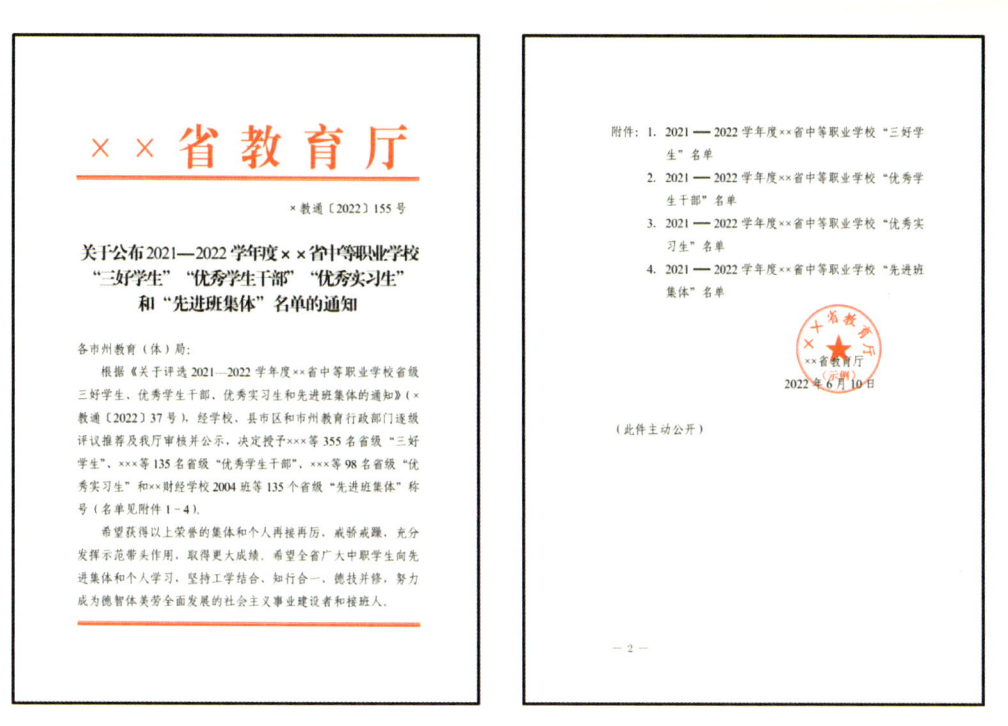

例文 4　发布性通知

印发性通知一般用于发布行动计划、活动方案、领导讲话等。以通知形式印发的文件，属于正文内容，另页直接展示，不以附件形式呈现。

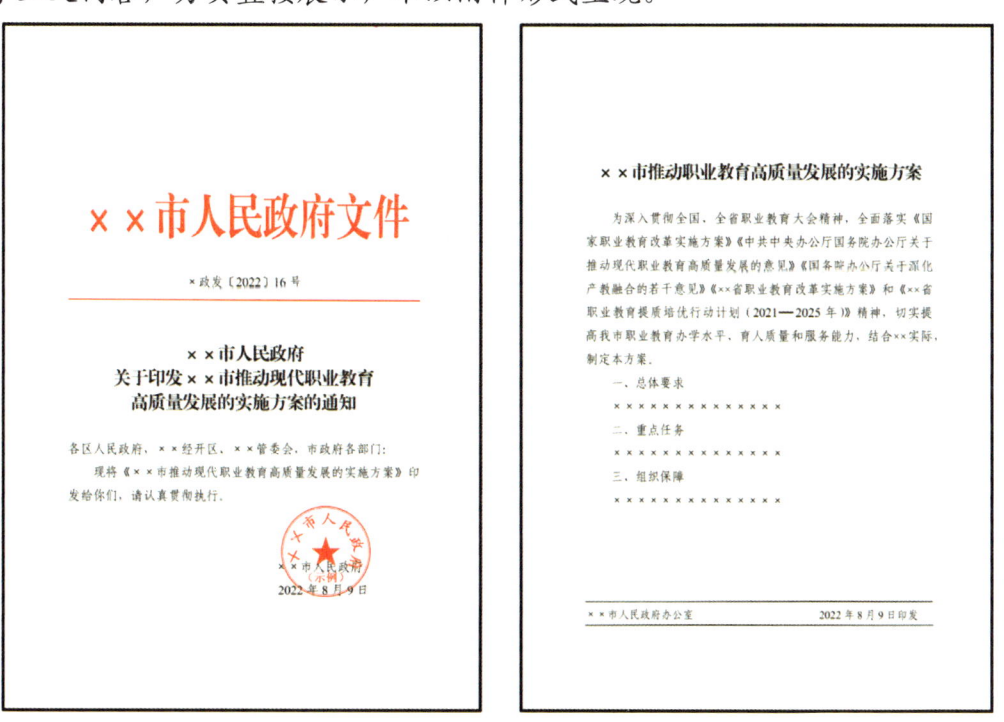

例文 5　印发性通知

转发性通知多用来转发上级机关、同级机关和不相隶属机关的公文。工作中直接以原文转发的文件较少，一般会在转发的同时，根据工作实际提出具体的贯彻落实要求。

所转发的文件须以附件形式呈现。

例文 6　转发性通知

说明：本文中所展示的"红头"和"公章"，都是为便于理解而制作的"示例"，没有任何真实效力。

任务 3　编辑海报

情境导入 >>>>

刚忙完社团工作的刘静一回到宿舍,舍友李芬就拿着一张海报对她说:"你不是爱看篮球赛嘛,最近关注哪支球队?"

刘静回应道:"最近一直关注中国女篮,看了几场比赛,我深深体会到什么是女篮精神,那就是有志气,敢拼搏,不怕硬碰硬!篮球是集体项目,五个人得团结一致,敢打敢拼才能赢。"

舍友把手中的海报在她眼前晃了晃,说:"来,给你个惊喜,下周末中国女篮就要到咱们市进行热身赛了,到时咱们一起去看吧,给女篮加油!"

刘静抓起海报看了又看,欣喜地回答道:"好啊,还是你懂我!对了,你看人家的海报,图文并茂,真漂亮!正好,学校团委要举办一场创业经验报告会,咱也学学人家的做法,整个有视觉冲击力的海报。"

说干就干,刘静马上行动起来。

例文借鉴 >>>>

简析:

这是一张关于中国女篮进行热身赛的海报。首先映入眼帘的是海报上方的标题,字体较大,色彩对比鲜明;接下来是简洁醒目的活动内容,揭示活动主题;下面依次是双方的比赛时间、比赛地点,清晰明了;最下面是承办单位。海报的主色调采用红色,凸显激情和活力,配图为中国女篮队员充满自信的笑脸,给人以深刻印象。整幅海报创意新颖,图文并茂,有很强的视觉冲击力。

知识链接 >>>>

海报是向公众宣传介绍有关戏剧、电影、文艺表演、体育比赛或报告会、展览会等所使用的一种应用文。海报的内容要有宣传性、艺术性、鼓动性、招徕性和时效性,其外观要突出醒目。按照形式划分，海报可分为文字海报和图文结合式海报两种。

海报的结构一般分为标题、正文和落款三部分；实际使用中，有的海报为了突出某种表达效果会省略某一部分或某些部分。

1. **标题** 海报标题的写法较多，大体上有以下一些形式：一是单独由文种构成，即在第一行中间写上"海报"字样；二是直接由活动内容作为题目，如"舞讯""影讯""球讯"；三是由主办方和内容组成，如"东方影楼魅力长城摄影展"。

2. **正文** 海报的正文一般包括活动内容、时间、地点、参加办法及一些必要的注意事项、主办单位名称等要素。正文的写作形式灵活多样：如一段式，内容简单，只用三言两语，一段成文；分项排列式，适用于内容稍多的海报，分项目多行排列成文；附加标语式，有的海报在正文之首或正文之末加上排列整齐的标语，能起到渲染、吸引、画龙点睛的作用。

3. **落款** 海报的落款包括主办单位名称和发文日期。如果海报标题或正文中已经写明主办单位或者活动日期，则落款只写二者之中尚未出现的信息。

写作导引 >>>>

写作提示：

（1）海报中的主要内容及时间、地点一定要真实准确。

（2）海报可以用鼓动性的词语，但要遵守诚信原则，不能哗众取宠、夸大事实。

（3）海报的文字应简洁明了，篇幅尽量做到短小精悍。

（4）图文结合式的海报应体现艺术性，版式色彩和构图要醒目，具有时代气息，展现装饰美，以吸引观众。

写作模式参考：

任务实施 >>>>

学校团委拟邀请著名企业家金山海于 2022 年 6 月 1 日下午 4 点 30 分给毕业班的同学做专题报告，与大家分享他的创业经验。报告题目是"海阔凭鱼跃，天高任鸟飞——我的创业历程"，地点安排在学校大礼堂。请帮刘静同学设计一张图文并茂且富有表现力和感染力的宣传海报。

巩固练习 >>>>

1. 海报按照形式分，一般有_____海报和_____海报两种。
2. 为增强同学们的消防安全意识，普及消防知识，东海职业学校团委特邀请所属辖区消防大队的民警到校进行消防安全培训。请根据此项活动制作一张图文并茂、感染力强的宣传海报，以小组为单位合作完成，时间、地点等信息可虚拟。
3. 网上浏览、搜索关于电影海报的相关介绍及图片，选取一幅自己喜欢并且特色鲜明的电影海报上传班级群，与同学交流分享你对这幅电影海报的观点看法。

<<<< 微拓展 >>>>

别样风采的海报

任务 4 写新媒体宣传稿

情境导入 >>>>

这天，刘静刚吃完中午饭，还没走到宿舍门口，就迎面遇到了急匆匆来找她的好朋友李晓明。

原来，李晓明想让她帮忙一块儿写个宣传稿。学校近期喜事连连，物流、焊接、汽车维修三个专业的同学都取得了全市职业院校技能大赛一等奖的好成绩，照例是通过学校微信公众平台将喜讯告知全体师生。负责宣传的老师把材料交给了身为学生会副主席的李晓明，让她写初稿，还说要有点儿创新，别重复学校公众号上以前用过的那几种形式。

刘静听清她的来意后，连忙支招儿："咱们以前不是看过一篇介绍宋彪的微信公众号文章吗？就是那个拿了世界技能大赛冠军的宋彪，可以借鉴参考。"

李晓明一拍脑门，说道："对呀！多亏你提醒，宋彪可是我崇拜的偶像啊。他19岁就在第44届世界技能大赛上获得了工业机械装调项目的金牌，这可是被称为'世界技能奥林匹克'的最有影响力的技能大赛。他被授予'江苏大工匠'荣誉称号，还获得了政府百万奖励呢。咱们赶紧再看看那篇公众号文章。"

例文借鉴 >>>>

简析：
　　这是关于世界技能大赛冠军获得者宋彪的一篇新媒体宣传稿。标题点明主题，通过"中国唯一""世赛最高"等关键词吸引读者眼球。正文以点带面，概要记叙宋彪其人其事。开头对世界技能大赛及选手宋彪进行简介；中间详细叙述比赛遇到挫折时宋彪的表现，既扣人心弦，又振奋人心；最后写宋彪比赛之后的成长历程和个人感悟，给人以启迪。文章采用小标题组织全文，结构清晰；配有照片和视频，图文并茂，生动形象。

知识链接 >>>>

　　新媒体宣传稿是指基于互联网，发表在能对大众提供个性化内容的媒体（如微信、微博、论坛、各种网站和其他自媒体）开放平台上，利用网络媒体传播平台的交互性，进行有创意的信息内容传输和互动的一种应用文。新媒体宣传稿呈现形式包括文字、图片、音频和视频等，具有互动性强、容量大、传播快等特点。

　　微信公众号宣传稿是新媒体宣传的主要代表之一，其内容丰富多彩，写法不拘一格。微信公众号宣传稿的写作一般包括标题和正文两部分。

　　1. 标题　微信公众号页面只显示题目的前 13 个字，因此，宣传稿的标题应具有定位明确、吸引读者、能吸引阅读兴趣等特点。其标题一般可采用关键词式、提问式、设置悬念式、突出强调式和引用名言式等形式。

　　2. 正文　微信公众号宣传稿的正文一般包括开头、主体和结尾三部分。

　　（1）开头　微信公众号宣传稿的开头须简短有力、概括性强，同时又能勾起受众的阅读欲望。其呈现形式或开门见山，直截了当；或导入情景，烘托氛围；或表明问题，引发思考；或巧妙引用，强化观点；等等。可根据实际需要，灵活加以选择。

　　（2）主体　微信公众号宣传稿的主体，可从阅读者的视角进行表述，也可以粉丝的身份讲事例、谈体验、说感想、做评价；还可以从新闻的角度切入事件，以"热点"话题展开主体。写作时，可根据文字表达需要适当插入图片、表格，链接音频和视频等素材，以增强其趣味性与感染力。

　　（3）结尾　微信公众号宣传稿的结尾主要是为了加深读者印象，引导读者行动。其形式同样不拘一格，如：重申观点，首尾呼应；用名言警句结尾，引发思考；用诙谐幽默的话语结尾，引人一笑；提供话题，引发思考讨论或留言、评价、点赞、转发；总结全文内容，号召读者在实际中运用；等等。

写作导引 >>>>

写作提示：
（1）准确定位宣传稿的内容，关注读者心理，善抓社会热点，以提高可读性和转发率。
（2）想方设法拟制一个引人入胜的标题，巧用标题吸引眼球，引发读者关注和阅读。

（3）内容表达多用精短语句，尽可能做到简洁，同时适当用些"微语"热词，以体现生动幽默、亲和自然。

（4）宣传稿中可配置图片、音频和视频，使整个稿件的内容形象生动，具体可感。

写作模式参考：

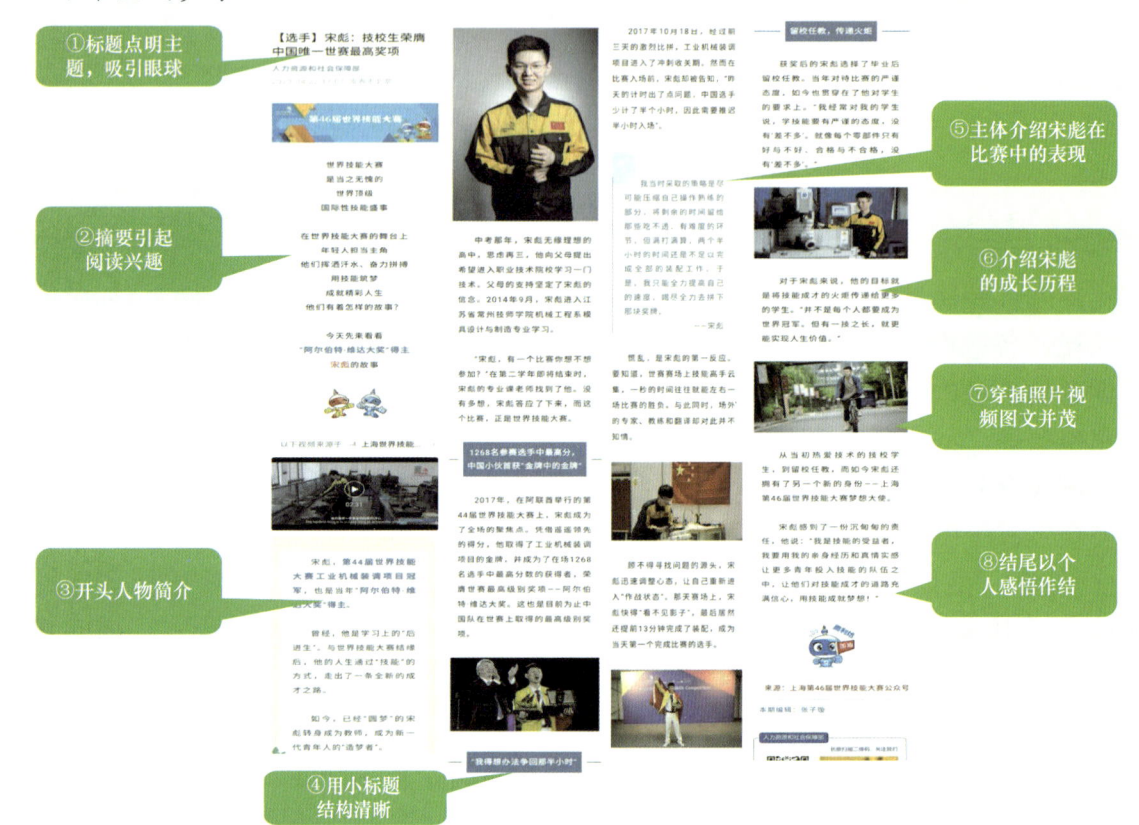

①标题点明主题，吸引眼球
②摘要引起阅读兴趣
③开头人物简介
④用小标题结构清晰
⑤主体介绍宋彪在比赛中的表现
⑥介绍宋彪的成长历程
⑦穿插照片视频图文并茂
⑧结尾以个人感悟作结

任务实施 >>>>

请根据情境导入中的相关材料，参考例文的版式特点，代李晓明同学写一篇微信公众号宣传稿。采用小组合作的形式完成，获奖选手的姓名、奖项、事迹等可用本校优秀技能选手的对应信息代替。各小组完成后在班内展示交流，并做修改。

巩固练习 >>>>

1. 新媒体宣传稿呈现形式包括_____、_____、_____和视频等，具有_____、_____等特点。

2. 以"说说班里的新鲜事"为主题搜集相关素材，配上照片及视频，编辑微信公众号宣传稿给学校网站投稿。要求：内容新颖，积极向上，语言生动，形式活泼；文体及字数均不限。

3. 每位同学推荐 3 个自己喜欢的微信公众号，其中每个微信公众号至少有一篇自己非常喜欢的作品，在小组内相互交流；分析、比较这些优秀作品的内容及形式特色，学习其中的写作与编辑技巧；并将组内选出的最佳作品上传班级群，与大家一起分享。

<<<< **微拓展** >>>>

微信公众号使用规则

（1）不得提交、发布虚假信息，不得冒充、利用他人名义发布信息。

（2）不得强制、诱导其他用户关注、点击链接页面或分享信息。

（3）不得虚构事实、隐瞒真相以误导、欺骗他人。

（4）不得侵害他人的名誉权、肖像权、知识产权、商业秘密等合法权利。

（5）申请微信认证资料应与注册信息内容一致。

（6）未经腾讯书面许可不得利用其他微信公众号以及第三方运营平台进行推广或互相推广。

（7）未经腾讯书面许可不得使用插件、外挂或其他第三方工具、服务接入本服务和相关系统。

（8）不得利用微信公众号从事任何违法犯罪活动。

（9）不得制作、发布与以上行为相关的方法、工具，或对此类方法、工具进行运营或传播。

（10）不得有其他违反法律法规、侵犯其他用户合法权益、干扰产品正常运营或腾讯未明示授权的行为。

（摘自网络，有改动）

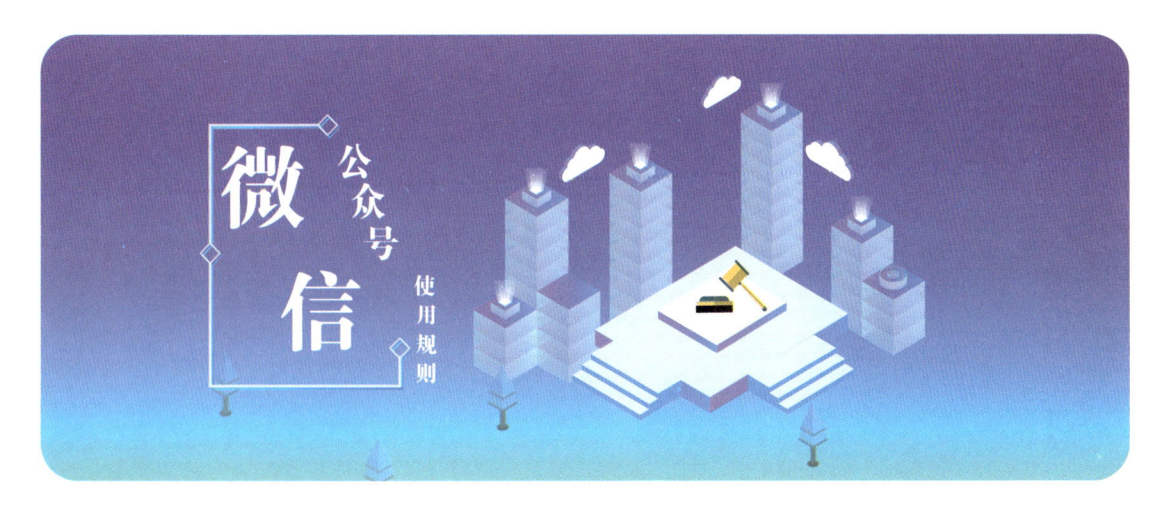

项目三 学习评价

自我评价表

学习文种	评价要素	评价等级			
		优秀 （五星）	良好 （四星）	一般 （三星）	待努力 （三星以下）
活动方案	1. 掌握活动方案的写作特点及要求。 2. 能正确修改活动方案的常见格式错误。 3. 能写作主题鲜明、内容具体、条理清晰、可行性强的活动方案		☆☆☆☆☆		
通知	1. 了解通知的常见种类、格式特点和写作技巧。 2. 能正确修改一般事务性通知与会议通知的常见格式错误。 3. 能写作事务性通知及会议通知		☆☆☆☆☆		
海报	1. 了解海报的作用与常见类型。 2. 掌握海报的格式特点及写作要求。 3. 能设计主题突出、内容简洁、图文并茂的海报		☆☆☆☆☆		
新媒体宣传稿	1. 了解新媒体宣传稿的常见种类及特点。 2. 掌握微信公众号文案的写作方法与版式要求。 3. 能写作重点突出、语言简洁的微信公众号宣传稿		☆☆☆☆☆		
项目学习整体评价	☆☆☆☆☆ （优秀：五星\良好：四星\一般：三星\待努力：三星以下）				

多彩生活篇

项目四 敦亲睦邻促和谐

家和万事兴,孝老爱亲、家庭和睦是事业成功与社会稳定的基石;远亲不如近邻,宽容谦让、邻里和睦是生活祥和与社会和谐的保证。敦亲睦邻是我们中华民族的优良传统,作为一名中职学生,我们有责任践行并传承这一美德。让我们和高卉一起,感受典雅的请柬送出的热情、朴实的家信寄托的亲情,以及小小的启事和单据给邻居和朋友带来的关爱与感动。

学习目标

素质提升

1. 逐步养成规范运用语言文字的良好习惯。
2. 培养孝老爱亲、亲仁善邻的道德品质,继承和弘扬中华优秀传统文化。

必备知识与关键能力

1. 掌握请柬的格式及写作要求,能写作格式规范、语言得体的请柬。
2. 掌握启事的常见种类、格式及写作要求,能写作内容明确、条理清晰的启事。
3. 掌握单据的常见种类、格式及写作要求,能写作格式规范、内容严谨的单据。
4. 掌握家信的格式及写作要求,能写作语言通顺、条理清晰、情感真挚的家信。

任务 1 写请柬

情境导入 >>>>

高卉的哥哥高峰婚期临近，爸爸高熙远早早就为儿子婚礼订好了酒店。一家人忙忙碌碌，脸上都喜气洋洋。看到父母上班之余的操劳，高卉主动请缨："爸，有什么我能帮上忙的吗？尽管吩咐哦。"

"嗯，还真有件事情，"爸爸欣慰地笑着说，"写张婚礼请柬吧，到时候送给亲朋好友，也显得正式些。"

"这就叫'仪式感'，我赞同！爸，在哪个饭店？开席的具体时间？马上就好。"高卉信心满满。

"在栖悦酒店2楼百合厅，7月16号上午11点半开席，这是亲朋好友的名单。"

不一会儿，高卉把婚礼请柬的草稿交给了爸爸。爸爸看了看，说："小卉，你写的这请柬说得倒是很明白，但感觉像给大家下命令，有点不太礼貌。"

"是吗，爸？"高卉皱了皱眉，"那我再修改一下。"

例文借鉴 >>>>

例文一

请　　柬

送呈姜明先生台启：

谨定于2022年8月6日星期六（农历2022年七月初九）为爱子马舒城与儿媳秦佳菲举行结婚典礼。敬备喜宴，恭候光临。

吉时：12时08分

祥地：天睦居饭店（和平路23号）

新郎父亲：马树德
敬　邀
新郎母亲：赵　娜
2022年8月1日

简析：

这是一张为举行婚宴而写的请柬。称谓后冠以"先生"，礼貌得体。正文部分说明邀请原因，明确简洁；具体时间和地点单独成行，醒目突出。落款处列出邀请人和发柬日期，规范完整。"台启""谨定""敬备喜宴，恭候光临""敬邀"等，语言典雅得体，恰到好处。

例文二

请　柬

尊敬的宋朝辉经理：

　　岁月不居，时节如流，合众公司已走过了十载春秋，公司成立10周年庆典将于2022年9月9日举行。

　　久久联合，岁岁相长，合众公司的发展离不开您的关心与支持。希望您在百忙之中拨冗光临，共话友情，展望未来合作大计。如蒙应允，不胜欣喜。

　　时间：9月9日（星期五）19时30分

　　地点：合众公司（常青路11号）

合众公司　敬邀

2022年9月2日

简析：

这是为邀请合作伙伴参加公司庆典而写的请柬。正文第一段说明邀请原因，第二段表达邀请与合作之意，最后列出具体的活动时间及地点。这张请柬条理清晰，语言大方得体。

知识链接 >>>>

请柬，通常也称作"请帖"，是为邀请宾客参加某种活动时而使用的一种专用书信。一般用于婚宴、寿诞、联谊会、展览、演出、节庆等，具有庄重通知、盛情邀请的作用，有时也作为入场或报到的凭证。请柬一般由标题、称谓、正文、结尾、落款五部分组成。

1. **标题**　第一行居中写上"请柬"或"请帖"二字。标题既可以位于正文之上，也可以单独占一页作为封面。

2. **称谓**　第二行顶格写出被邀请的个人或单位名称，如"××先生""××女士""××公司"等，称谓后面要加上冒号。

3. **正文**　在称谓下面另起一行空两格写。要写清活动内容，例如举办婚礼、寿诞、展览、演出等。注意写明活动的具体时间、地点等信息。若有其他要求须加以注明，如"请准备发言""请穿晚礼服"等。

4. **结尾**　要写上礼节性问候语，如"恭候光临""敬请光临""敬候莅临""恭祝金安"等。结尾既可以紧接着正文写，也可以另起一行空两格写。

5. **落款**　包括署名和日期两部分：在结尾的右下方署上邀请者（单位或个人）的名称，也可在其后加上"诚邀""谨上"之类的敬辞；署名下方写清具体的年、月、日。

写作导引 >>>>

写作提示：

（1）被邀请者的姓名一定要写准确，不能用昵称或名字的缩写，邀请事由要写得清楚明白，文字书写要工整、美观、大方。

（2）根据具体的场合、对象认真措辞，语言要简洁明确、文雅庄重、热情得体，使人能感受到邀请者的诚意，切不可使用命令语气。

（3）选用市场上的各种专用请柬时，要根据实际需要选择合适的类别、色彩和图案，款式和装帧应当美观大方、精致庄重。

（4）请柬要在合适的场合使用，一般来说，举行重大的活动，对方又是作为宾客参加，才发送请柬。发送请柬一般应挑选比较严肃郑重的场合，可亲自送去，也可通过专人或快递送达。

写作模式参考：

```
                            请    柬         敬请启封

送呈姜明先生台启：
    谨定于2022年8月6日星期六（农历2022年七月初九）为爱子马舒城与儿媳秦佳
菲举行结婚典礼。敬备喜宴，恭候光临。
    吉时：12时08分
    祥地：天睦居饭店（和平路23号）

                                        新郎父亲：马树德
                                                  敬  邀
                                        新郎母亲：赵  娜
                                              2022年8月1日
```

- 礼貌严肃地确定
- 吉祥的时间、地点
- 恭敬地准备、等候
- 尊敬地邀请

任务实施 >>>>

请根据情境导入中提供的材料，以高卉父母的身份拟一份婚宴请柬，注意格式规范，语言简洁明确，热情得体。

巩固练习 >>>>

1. 请柬一般由_____、_____、_____、_____、_____五部分组成。
2. 下面这封请柬在格式和内容上存在一些问题，请找出并改正。

请　柬

尊敬的张雨女士：

兹定于9月25日下午，在我校弘毅楼306室举行"丰华杯"技能大赛颁奖典礼。请务必准时光临。

　　恭祝

金安

华都市机械工业学校

3. 2022年10月26日（农历十月初二）是赵爷爷八十岁生日，他的儿子赵建国计划在至和酒店为父亲庆祝八十大寿。请以赵建国的身份写一封请柬，相关信息可以虚拟。

微拓展

※ 托人转递请柬是不礼貌的。请柬的递送方式很有讲究。在古代，无论远近都要登门递送，表示真诚邀请的心意，现在也可以邮寄。一定注意不能托人捎带，转递是很不礼貌的。

※ 装请柬的信封不能封口。请柬本是用来邀请人的，封了口容易造成既邀客又拒客的误会。

※ 邀请原因要写明。只邀请却不写邀请原因是很不得体的，举办活动的原因必须书写清楚，为被邀者决定是否参加提供依据。

※ "准时"二字要避免。在请柬上我们常可看到"请届时光临"的字样，"届时"是"到时候"的意思，表示出邀请者的诚意。但有些请柬把"届"改成了"准"字，这样就成了命令式，体现了邀请者的高高在上，是对被邀请者的不尊敬。

请客本是开心的事情，这些细节要格外注意，可不要犯了小错，伤了大雅。

任务2 拟启事

情境导入 >>>>

高卉的邻居王爷爷养了一只棕色的泰迪狗,取名"糖豆"。因老伴已经去世,儿子又在外地工作,可爱的"糖豆"就成了王爷爷的情感寄托。每天早晨,王爷爷都拿着铲子、袋子出门遛狗。他常调侃说,自己是快乐的"铲屎官"。

这几天,高卉没有发现王爷爷遛狗的身影。正奇怪呢,王爷爷来敲门了。原来,王爷爷遛狗的时候,一个没留神,"糖豆"丢了。他逢人就问,找了两天也没找到。

王爷爷着急地说:"小卉,你们年轻人脑子灵,办法多,认识的人也多,快帮爷爷想想办法。"

高卉想了想,说:"王爷爷,您别着急。光打听认识的几个人还不够,咱干脆写个'寻狗启事',配上'糖豆'的照片,在微信朋友圈转发,还可以多打印几份,在小区周边张贴一下。您放心吧,'糖豆'一定能找到。"

"那太好了,小卉,你就帮我写个启事吧。"王爷爷说。

"没问题,王爷爷。"高卉答应着,开始琢磨起启事的写法来。

例文借鉴 >>>>

寻物启事

本人于3月12日在盛昊商场附近丢失一个黑色运动包,包内有本人的身份证、驾驶证和银行卡,请拾到者与我联系,定当酬谢。

联系电话:34567123345

启事人:李敏
2022年3月12日

简析:

这是一则个人丢失财物时所写的寻物类启事。正文部分先说明丢失物品的时间和地点,然后将所寻物品及数量、特征等介绍得详细具体,有利于拾到者比对物品。最后表示酬谢之意,并留下电话号码,便于拾到者或提供线索者与失主联系。这则寻物启事内容简洁明确,语言诚恳礼貌,格式规范,值得借鉴。

招领启事

　　本人于 3 月 12 日在盛昊商场附近拾到一个运动包，包内有身份证等物，请丢失者与我联系。

　　联系电话：34565432179

启事人：薛雷
2022 年 3 月 12 日

简析：

　　这是一则个人拾到财物后写的招领类启事。正文先说明拾到物品的时间和地点，物品的具体数量、特征等详细信息一概不写，防止冒领；最后留下联系方式。这则招领启事内容简洁，要素齐全，格式规范。

出租启事

　　本人出租楼房一处，房子位于鹤翔路玫瑰园小区，面积 116 平方米，三室两厅，水、电、暖、网络齐全，生活及交通便利。有意租赁者请与本人联系。

　　联系电话：12345678911

启事人：赵基
2022 年 10 月 6 日

简析：

　　这是一则出租房屋类启事。正文部分说明楼房的具体位置、面积、房屋结构以及配套设施等，详细具体。正文后另起一行留下联系方式，醒目突出。这则启事写明了租房者最为关心的主要信息，针对性强，便于出租。

知识链接 >>>>

　　启事是机关团体、企事业单位或公民个人有事情需要向公众说明，或者请求公众帮助时所使用的一种实用文体。启事一般张贴在公共场所，也可以通过广播、电视、网络、报刊等渠道发布。

　　日常生活中的启事主要有以下几类：征召类，如招工、招生、招聘、招标、招租、征文、征婚、征集等；声明类，如迁址、更名、开业、停业、遗失、作废等；寻找类，主要包括寻人、寻物等。

　　各种启事的格式与写法大致相同，一般由标题、正文、落款三部分组成。

1. 标题　一般写在第一行居中位置，可以直接用文种作为标题，如"启事"；也可以用内容作为标题，如"求租""征文"；还可以用内容和文种组成标题，如"寻人启事""迁址启事"。

2. 正文　在标题下一行空两格写正文内容。因为要说明的事项多种多样，不同启事的正文写法也就各异。比如，寻物启事可根据实际情况写清丢失物品的具体时间、地点、名称、数量、显著特征等；而招领启事则相反，只需要简要介绍所拾物品的时间、地点，或笼统说明物品名称即可，不宜写上具体特征，以防冒领；出租房屋的启事要写清房屋的位置、面积、建筑结构、配套设施以及周围交通状况等，根据需要还可以写上租赁价格或者"价格面议"等字样。不管何种类型的启事，都要注意交代清楚联系方式。

3. **落款**　一般包括署名和日期。通常在正文的右下方署上发布启事的单位名称或个人姓名；署名下方写上日期，即具体的年、月、日。

写作导引 >>>>

写作提示：

（1）启事的标题一般要做到高度概括、简短醒目，能吸引公众的注意力。

（2）启事一般没有称谓部分；正文的事项要求单一明确，但要完整，使人易于理解，即内容单一，一事一启。

（3）启事的语言须条理清晰、通俗易懂，又要注意言辞诚恳、礼貌得体，以获得公众的支持和帮助。

写作模式参考：

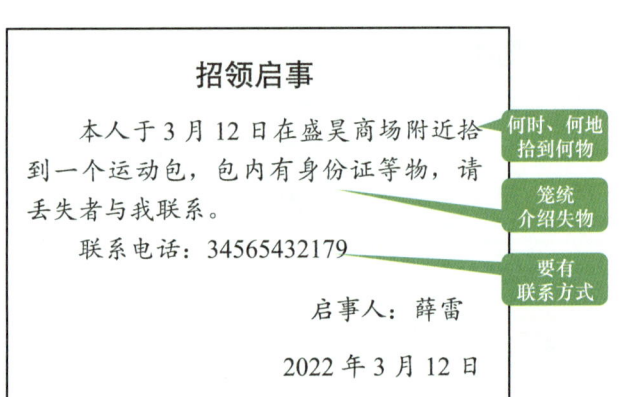

寻物启事

　　本人于3月12日在盛昊商场附近丢失一个黑色运动包，包内有本人的身份证、驾驶证和银行卡，请拾到者与我联系，定当酬谢。

联系电话：34567123345

启事人：李敏

2022年3月12日

（标注：何时、何地丢失何物；详细说明失物特征；语言礼貌得体；要有联系方式）

招领启事

　　本人于3月12日在盛昊商场附近拾到一个运动包，包内有身份证等物，请丢失者与我联系。

联系电话：34565432179

启事人：薛雷

2022年3月12日

（标注：何时、何地拾到何物；笼统介绍失物；要有联系方式）

任务实施 >>>>

高卉帮王爷爷写的启事还真有效，没出三天，"糖豆"找到了。请你根据情境导入中提供的材料写一份寻狗启事，注意条理清晰，格式规范。

巩固练习 >>>>

1. 寻物启事和招领启事的正文在写法上有哪些不同？

2. 下面这份启事在格式和内容上都存在欠妥之处，请找出并改正。

"喜迎二十大 奋进新征程"微视频征集活动征稿启示

尊敬的读者朋友们：

　　你们好。在迎接党的二十大胜利召开之际，现开展微视频征集活动，邀你一起用镜头记录我们的美好时代，展现新时代人民群众的获得感、幸福感、安全感。

　　本次活动以"喜迎二十大 奋进新征程"为主题，即日起至2022年10月10日止，面向全社会征集原创微视频作品。作品要求"坚持原创、主题突出、导向正确"的原则，时长不限（不超过5分钟更佳）。

　　此致

敬礼

2022 年 9 月 26 日

3. 为弘扬传统文化，展现非遗魅力，吸引更多的人认识和喜爱剪纸、面塑、鲁绣、木版年画等非物质文化遗产，高家屯非遗体验馆将搬迁到市中区大观路27号，并定于6月6日重新开放。请代该体验馆写一则迁址启事。

微拓展

"启事"与"启示"

在日常生活中，我们常常看到有人把"启事"写成"启示"，其实"事"和"示"虽然读音相同，但是意思不一样。

启事：陈述事情，多用于下对上；陈述事情的奏章，函件；公开声明某事的文字，多登在报刊上或公开张贴。

启示：启发使领悟。

"启事"和"启示"至少有三点区别：

表现形态不同。"启事"是一种公告性的应用文体，是为了说明某事而在公众中传播信息，一般采用登报或张贴的方式，其形态是显性的；而"启示"则是启发提示，作用于人的内心世界，启迪思想或激活思维，其形态是隐性的。

语素意义不同。"事""示"有别，不必细说。同一个"启"字，说的也不是一回事。"启事"用的是"启"的陈述义，即开口说话，它和"启禀""启奏"的"启"同出一辙；而"启示"用的是"启"的开导义，即"启蒙运动"的"启"。前者是向人诉说，是单向的；后者既可启示他人，也可自己受到启发，是双向的。

语法功能不同。"启事"是名词，不能带宾语；"启示"既是名词，又是动词，它是可以带宾语的。

任务3 制单据

情境导入 >>>>

小扇引微凉，悠悠夏日长。夏日的傍晚，高卉和妈妈正打算到公园乘凉，刚出门就碰上了高卉的表哥徐凡，妈妈和高卉赶忙把他请到家里。

一进门，徐凡就把一个包放到桌子上说："舅妈，今儿俺来还钱呢。"看着表哥憨笑的样子，高卉想起前年他来借钱的情景。

那时表哥搞了几年水产养殖，没怎么挣到钱。当他看到政府大力推进社会主义新农村建设，家乡的面貌焕然一新后，联想到北岗镇山清水秀的优势，就打算开农家乐。无奈资金不够，于是来高卉家借钱。

看到徐凡自主创业的决心，高卉的爸妈非常支持，痛快地拿出了七万块钱。表哥非常感动，坚持写下一张借据，说不出两年，一定还清。

这不，两年不到，表哥来还钱了。妈妈找出了当年的借据，好奇的高卉拿过借据一看，笑了，说："哥，你这借据，写得也太不规范了。正好我课本上有几个规范的样例，你看看。""是吗？"表哥不好意思地接过高卉递来的课本，翻看起来……

例文借鉴 >>>>

借据

今向孙志敏借到人民币叁万伍仟元整（¥35 000），定于2022年9月30日前还清。
此据

借款人：唐欣弘
2022年6月26日

简析：

这张借据明确地写明了借款对象、借款金额和归还时间，并在金额处用大写数字，清楚准确，格式规范。

欠条

原借王志忠人民币壹万柒仟元整（¥17 000），已还壹万元整（¥10 000），尚欠柒仟元整（¥7 000），定于2022年3月30日前还清。

此据

欠款人：王敏楠
2022年2月5日

简析：

以上欠条不仅写明了原来借款的金额，还清楚陈述了已经偿还的金额和尚欠借款的金额，并写明余额的归还日期，最后是欠款人的签名。格式规范，用词严谨。

收条

今收到弘毅基金会捐赠给我校图书馆的图书壹仟陆佰捌拾本整。

此据

经手人：华都市机械工业学校　王颖
2022 年 7 月 3 日

简析：

这张收条明确写出从何处收到的图书，以及图书的数量，并用大写数字写明物品的具体数量，表述严谨，格式规范。

领条

今从总务处领到小红帽玖顶、红色马甲玖件、扫帚肆把，做交通引导、环境治理等志愿服务用。

此据

经手人：302 办公室　张朝
2022 年 6 月 12 日

简析：

这张领条不仅写明从何处领的物品，而且将物品名称、数量及用途写得清楚明白。领条的要素齐全，格式规范。

知识链接 >>>>

单据是人们在日常生活、学习和工作中处理财物、物资或事务往来时，写给对方作为凭据或有所说明的字据，属于凭证性条据。主要包括借据、欠条、收条、领条等。借据和欠条具有法律效力，因此，写作时一定要谨慎、规范。

单据一般由标题、正文、结尾、落款四部分组成。

1. **标题**　第一行居中写上"借据"或"领条"等字眼。
2. **正文**　在标题下面另起一行空两格写。要写清从哪里借到（或领到、收到等）什么东西，数量、品种、规格等一定要写清楚，钱或物品的数量要用大写。

如果是涉及钱财的借据或欠条，还要注意：涉及钱的金额之前要写明币种，比如"人民币"，金额之后要写清单位"元"，单位后要写上"整"字；后面还要在括号内用阿拉伯数字写清钱的金额，注意金额前要加上人民币符号"￥"；如果借款是有利息的，则应将利息的计算方法写清楚，且要写明归还的具体日期。

3. 结尾　正文结束后，另起一行空两格写上"此据"字样。

4. 落款　包括署名和日期两部分：在结尾的右下方署经手者的单位名称或经手者的法定全名，必要时需要加盖公（私）章，或者按指印，以示负责；署名下方写清具体的年、月、日。

写作导引 >>>>

写作提示：

（1）表示钱物来往的数字要用大写，比如"零、壹、贰、叁、肆、伍、陆、柒、捌、玖、拾、佰、仟、万"等，以防改动。

（2）语言务必简洁易懂，表意明确，避免出现歧义。

（3）应用钢笔、中性笔等书写，不能用铅笔，以防模糊不清。书写要工整清晰，不允许涂改；若有改动，须出具方在改动处加盖公章或私章。

（4）借钱物的一方在写单据前，一定要认真清点核对，保证与所写数量一致，以防止不必要的麻烦。

（5）将钱物归还后，须将借据或欠条收回或当面销毁。

写作模式参考：

```
                    借据
     今向孙志敏借到人民币叁万伍仟元整（¥35 000），
  定于 2022 年 9 月 30 日前还清。
     此据
                          借款人：唐欣弘
                          2022 年 6 月 26 日
```

- 姓名莫写错
- 莫忘写
- 钱的数目要大、小写俱全
- 还款日期具体明确

任务实施 >>>>

下面是徐凡写给高卉父亲的借据。请找一找哪些地方写得不规范，帮助徐凡将其修改为一份格式规范的借据。

借据

本人借了舅舅七万块钱，两年内一定还清。

2020 年 7 月 6 日

巩固练习 >>>>

1. 单据是人们作为凭据或有所说明的字据，属于_____性条据，结构上一般包括_____、_____、_____、_____四个部分。

2. 致远中学的刘光明老师退休前将自己珍藏的365册中外文学名著全都捐赠给了校图书馆。请以图书馆的名义，给刘老师写一张收条。

3. 下面这张欠条语言表达方面存在什么问题？请指出并改正。

欠条

原借林峰人民币贰万元整，现还欠款柒仟元整，余款一个月后还清。

此据

欠款人：何芳
2021年1月9日

<<<< 微拓展 >>>>

借据落款学问多

我们都知道借据的写作很重要，那大家知道借据的落款有哪些注意事项吗？

一般借据上可能会出现的身份有四种：借款人、保证人、见证人、公司法定代表人。如果因借款引起纠纷，诉诸法院，那落款问题可能会直接影响法院认定。以下几点需要引起注意：

第一，落款处注明借款人并签名的，如果在其正下方签名的会被认定为是共同借款人，要承担还款责任；如果在其较远的空白处签名，一般会被认定为见证人，不承担还款责任。

第二，如果是见证人，在借款人下方签名一定要注明"见证人"，否则极有可能被认定为共同借款人，承担共同还款责任。

第三，虽然已在借据上签字，但未注明保证人身份的不承担保证责任。

第四，公司法定代表人在借款人处签名但未注明法定代表人身份的，很有可能被认定为法定代表人与公司为共同借款人；如注明法定代表人身份的，一般会认定为公司借款行为。

任务 4 修家书

情境导入 >>>>

这一阵子，爷爷似乎有心事，这不，刚吃完饭，老人就回房间了，没听到单田芳的《三国演义》开讲，只听见微微的叹息声。

妈妈示意高卉进去看看，高卉走进爷爷房间，只见老人正拿着全家福的照片在愣神。高卉明白，爷爷是想姑姑了。姑姑在苏州工作，一般中秋节和春节回来待几天，因为调换了工作岗位，特别忙，这不，快一年没回来了。爷爷肯定是不放心自己的女儿呀。

"爷爷，我想姑姑了，咱给她打视频电话吧？"

爷爷摇了摇头，"她那么忙，打通了也说不了几句话，唉！"

高卉明白，爷爷肯定是想写信。爷爷是个老派的人，始终不习惯电话、微信之类的。他常说，书信让人能静下来写写心里话，而且收信时的那种希望、亲切和踏实，比接到十个电话还高兴。可现在爷爷眼花得厉害，写信已经很费劲了。

"爷爷，咱给姑姑写封信吧。您说，我来写，咋样？"爷爷笑了，絮絮地说起来，高卉就一边听，一边记……

她把爷爷想说的话又梳理了一下，然后查找家信的格式和范文，动手写起来。

例文借鉴 >>>>

爸、妈：

你们好！

北京马上就要迎来冬奥会、冬残奥会，请原谅女儿这个春节不能回家陪你们过年。

从北京到湖南老家，是1400多公里的漫漫归乡之路。好在有我们的高分"天眼"，神行千里，俯瞰九州，从600万米高空传递着我对家乡和亲人们的思念。

我们的高分事业从跟跑到并跑再到部分领跑，如今天上群星闪耀、服务民生、放眼国际、造福全球，我作为高分事业的一分子，备感喜悦和自豪。

2021年，我们的高分专项工程迎来了翻天覆地的变化："一键查"系统成为了卫星遥感数据资源整合的大门户，让卫星服务走近群众；国家遥感数据及产品共享交换服务平台让遥感数据及产品服务的应用遍地开花。"洞察天地，致广精微，合作共享，造福人类"的高分精神，激励我们不畏艰苦、勇攀高峰。在这个时候坚守在我的工作岗位上，更是对我心头事业的责任和担当。

总书记新年贺词中的"踔厉奋发，笃行不息"寄托了对我们这一代的殷切期望；父亲"做个有价值的人"的谆谆教诲也时响耳畔，不敢忘却。"暮春三月，江南草长，杂花生树，群莺乱飞"之时，女儿再回乡看你们。

女儿：王×
×年×月×日

（选自"学习强国"学习平台"强国青年"家书选登）

简析：

　　这是一位在外地工作的女儿在春节到来之际写给父母的一封家信。第一段先说明自己春节不能回家的原因，请求父母原谅。第二、三段在表达对家乡和亲人思念的同时，总结了我国高分专项（高分辨率对地观测系统，简称"高分专项"）事业取得的成就，字里行间充满着对自己所从事工作的自豪感。第四段介绍了自己为之奉献的我国高分专项工程在"造福人类"等方面发挥的作用，体现了自己工作的意义与价值，表明了坚守岗位的责任和担当。第五段引用了总书记贺辞中的话语、父亲的教诲，体现了深厚的家国情怀。结尾告诉父母回家探亲的时间，以慰老人思念之情。这封信既充溢着对父母双亲的思念，又体现出舍小家顾大家的责任和担当，情真意切，感人至深。

知识链接 >>>>

　　家信，也称家书，是指写给父母、儿女、兄弟姐妹或爱人的信件，增进家人之间的了解和情感交流是家信的主要目的。家信一般包括称谓、正文、结尾、落款四部分。

　　1. **称谓**　第一行顶格写，后面加冒号。如果是给长辈写信，则直接写上对长辈的称呼，比如"爷爷""奶奶""爸爸"等；对晚辈可直呼其名，不用带姓氏，也可用小名，以显亲切。可在称谓前加上与辈分相符的"尊敬的""亲爱的"等字样。

　　2. **正文**　正文在称谓的下一行，空两格写起。一般包括如下内容：

　　（1）向对方表示问候，可单独成行。如"您好"。

　　（2）另起一段，询问家里或对方的情况。若是回信，可先说明何时收到对方的来信，回答对方在来信中涉及的问题，再谈其他事情。

　　（3）然后，谈自己的情况，或家里的情况，以及要问的一些问题。

　　（4）最后，写有何希望、要求或再联系的事项。

　　3. **结尾**　一般写表示祝愿或敬意的话，根据对方辈分等的不同，在正文结束后下一行空两格写"祝您身体健康""笑口常开""学习进步"等内容。如果写"此致敬礼"，则注意在正文后另起一行空两格写"此致"，换行顶格写"敬礼"。

　　4. **落款**　包括署名和日期两部分：在结尾的右下方署上发信人的名字，姓名前可加上自己的身份，如"父亲""女儿""侄子"等；署名下方写上发信日期。

写作导引 >>>>

　　写作提示：

　　（1）家信要以真情实感为核心，可以畅所欲言，不必遮掩，切忌无病呻吟，为写信而写信。

　　（2）信中的称呼和措辞要注意恰当而不失礼貌，语言要口语化，必要时也不排斥运用书面语。

（3）书信格式固定，要依据格式来写，不可随意改变格式，否则会给人不够庄重和礼貌之感。

（4）正文写好后如发现有遗漏的内容，可补写在日期下一行，但开头要加上"另"或"又及"等字样。

（5）要用钢笔、中性笔等书写，不能用铅笔，以防模糊不清；也不要用红色笔，否则会被认为是绝交信。一般用专用信纸或稿纸，以示尊重。

（6）书写要字迹工整、清晰整洁，写完信后最好检查一遍，以防有漏写的内容、语句不通或错别字等问题。

写作模式参考：

- 顶格写称谓
- 正文：说明情况 交流想法 表达情感
- 对亲人的思念
- 对工作的自豪
- 深厚的家国情怀
- 右下角落款

任务实施 >>>>

高卉的爷爷想知道女儿的身体怎么样，胃病还犯不犯；女婿的公司经营状况如何；外孙浩天长牙了吗，会说话了吗，淘气吗。还说自己身体不错，那些老毛病也没怎么犯，让女儿别担心他，好好工作。

请根据以上材料，以高爷爷的身份给他的女儿高熙婵写一封家信。

巩固练习 >>>>

1. 家信写作时以_____为核心，信中的称呼和措辞要注意。家信要用_____、中性笔等书写，不能用_____笔或红色笔书写。

2. 阅读下面的内容，然后尝试将《一封家书》的歌词改写成书信形式。

20世纪90年代，李春波的歌曲《一封家书》一经推出，便在我国的流行乐坛迅速走红。在这首歌中，李春波以"城市民谣"的形式表达了对家书这种交流方式的追怀。《一封家书》之所以能够盛行并被广泛传唱，一方面是歌曲中朴素真诚的思乡情怀引起了听众的共鸣，另一方面是因为在某种程度上它跟中国的民族文化一脉相承。

一封家书

亲爱的爸爸妈妈　　　　　　现在懂事 他长大了
你们好吗　　　　　　　　　哥哥姐姐常回来吗
现在工作很忙吧　　　　　　替我问候他们吧
身体好吗　　　　　　　　　有什么活儿就让他们干
我现在广州挺好的　　　　　自己孩子 有什么客气的
爸爸妈妈不要太牵挂　　　　爸爸妈妈多保重身体
虽然我很少写信　　　　　　不要让儿子放心不下
其实我很想家　　　　　　　今年春节我一定回家
爸爸每天都上班吗　　　　　好了 先写到这吧
管得不严就不要去了　　　　此致敬礼
干了一辈子革命工作　　　　此致那个敬礼
也该歇歇了　　　　　　　　此致敬礼
我买了一件毛衣给妈妈　　　此致那个敬礼
别舍不得 穿上吧　　　　　 此致敬礼
以前儿子不太听话　　　　　此致那个敬礼

3. 同学们，你想象过十年之后自己是什么样子、过着什么样的生活吗？你想对十年后的自己说些什么呢？请仿照例文给十年后的自己写一封信。

<<<< **微拓展** >>>>

与长辈联系的时机

与长辈联系，如打电话、写信，或发电子邮件等，是关心长辈、孝老爱亲的具体表现。在联系时要把握好时机，才可起到应有的作用。

在外工作或学习，长辈已有好长时间不知道自己的近况，此时给长辈发出一封家书，可让家人安心、放心。

遇到节气变化，如天气转冷或炎夏来临，打个电话提醒长辈适时增减衣物，保持身体健康，会使他们感到晚辈的孝心。

佳节来临，或是老人寿诞之日，写封家书遥寄一份祝福和问候，会使长辈心情舒畅。

在人生转折关头，比如恋爱、结婚时，向长辈写信征求一下他们的意见，既可使自己从他们的教诲中受益，也让长辈感受到被信任和尊重。

由于观念差异等原因与长辈之间产生不快时，要主动联系长辈，说出自己的想法和打算，会增进彼此的了解，有利于消除误会。

项目四学习评价

自我评价表

学习文种	评价要素	评价等级			
		优秀（五星）	良好（四星）	一般（三星）	待努力（三星以下）
请柬	1. 掌握请柬格式特点和写作要求。 2. 能正确修改请柬的常见错误。 3. 会写作格式规范、内容得体、语言典雅的请柬		☆☆☆☆☆		
启事	1. 掌握启事的常见种类、格式特点及写作要求。 2. 能正确修改启事的常见错误。 3. 能写作条理清晰、内容明确的启事		☆☆☆☆☆		
单据	1. 掌握单据的常见种类、格式特点及写作要求。 2. 能正确修改单据的常见错误。 3. 能写作格式规范、内容严谨的单据		☆☆☆☆☆		
家信	1. 掌握家信的格式特点及写作要求。 2. 能正确修改家信中不得体的语句。 3. 能写作语言通顺、条理清晰、情感真挚的家信		☆☆☆☆☆		
项目学习整体评价	☆☆☆☆☆ （优秀：五星\良好：四星\一般：三星\待努力：三星以下）				

多彩生活篇

项目五 热心公益助社区

　　社区是我们生活的家园，需要我们共同维护。每个人都应积极参与到社区建设中，加强交流沟通，互相支持帮助，携手共建温暖和谐的社区大家庭。中职生王芳积极报名参加了明苑社区的"学雷锋帮帮团"。"帮帮团"的志愿者们以"有事您说话，有难大家帮"为行动口号，尽己所能，身体力行。他们与社区工作者、业委会成员一起，为维护社区环境写倡议书，拟邻里公约，帮小区居民写证明信，给军属家庭送去温暖的慰问。他们忙碌并快乐着，因此也受到了社区居民的欢迎与赞扬。

学习目标

素质提升

　　1. 培养遵守公共秩序、以诚待人的习惯，营造和谐的人际关系。
　　2. 树立关心公益事业、承担社会责任的意识，弘扬奉献、友爱、互助、进步的服务精神。

必备知识与关键能力

　　1. 掌握证明信的格式和写作要求，能出具格式规范、有针对性的证明信。
　　2. 掌握倡议书的格式和写作要求，能拟写有鼓动性和感召力的倡议书。
　　3. 掌握公约的格式和写作要求，能起草内容全面、切实可行的公约。
　　4. 掌握慰问信的格式和写作要求，能写出格式规范、感情真挚的慰问信。

任务 1 出具证明信

情境导入 >>>>

当今社会，信息技术高速发展，网络诈骗也层出不穷。这不，幸福湾小区的吴女士被冒充的某宝客服骗去六千多元，孔先生被假冒的微信好友骗去三万多元。为了保护人们的财产安全，明苑社区打算利用每个周末时间，深入各小区进行防电信诈骗宣传活动。

学雷锋帮帮团的志愿者们踊跃报名，积极参与到宣传活动中来。王芳他们不辞辛苦，穿梭在社区的小广场、便利店、楼道内，宣传防诈骗知识，出"防诈骗"手抄报，帮老人们安装"国家反诈中心App"……他们忙忙碌碌，为守护人们的"钱袋子"贡献着自己的热情与力量。

学校听说了学雷锋帮帮团的事儿，打算对参加志愿服务的学生进行表彰奖励，但需要社区出具的证明信。王芳便来到了社区办公室，工作人员谭欣妍说刚才也有人为这事来过，估计参与服务的志愿者可能都需要证明信，她刚拟出草稿，拜托王芳帮忙录入电脑，说等开完会再根据王芳的情况进行修改。王芳答应着，拿起桌上的草稿研究起来。

例文借鉴 >>>>

证明信

东山市职业中等专业学校：

  董柯，女，身份证号：37233020060118××××。董柯同学于2022年3月19日至2022年5月29日，利用周末时间，在明苑社区所辖翠微小区进行志愿服务，参与小区内政策宣传、秩序维护等工作，态度积极认真，工作扎实有效，为社区工作做出了贡献。

  特此证明

道德街办事处明苑社区居委会（公章）

2022年5月8日

简析：

  这是以社区名义出具的证明信。受文单位顶格书写。正文具体叙述被证明者的姓名、性别、身份证号码；并应学校要求，对该学生进行志愿服务的具体情况做重点说明。落款处加盖公章，增强其说服力。这封证明信格式规范，用语准确，针对性强。

多彩生活篇

知识链接 >>>>

证明信是以行政机关、社会团体、企事业单位或个人的名义，凭借确凿的证据，以证明某人的身份、经历或某件事情的真实情况时所使用的一种专用书信。证明信具有凭证性特点，一般由标题、称谓、正文、结尾和落款五部分组成。

1. **标题** 在第一行居中用较大字体写。可单独以文种作为标题，如"证明信"或"证明"；还可用事由加文种的写法，如"关于×××同志××情况（或问题）的证明"。

2. **称谓** 在标题下面另起一行顶格写受文单位或个人的称谓，后面加冒号。证明信一般应有明确的受文单位，不能随意写成"有关单位"等字样。

3. **正文** 在称谓下面另起一行空两格写。不同类型的证明信，其内容和写法不同。例如对方要求证明的是个人的某段经历，就应写清人名、时间、地点及其所经历的事情；如果要证明某一事件，则要写清参与者的姓名、身份、对方在此事件中的作用，及事件的前因后果。如果时隔已久，需要通过回忆去写，要尽可能地写准确；确属记忆不清的信息，须如实注明。

4. **结尾** 可直接在正文后写上"特此证明"四个字，也可另起一行空两格写，"特此证明"后无须加标点。

5. **落款** 包括署名和日期两部分：在正文的右下方署上单位全称或个人姓名，由单位出具的证明信要加盖公章；署名下方写明开具证明的年、月、日。

写作导引 >>>>

写作提示：

（1）要注意针对对方所要求的关键内容写，其他无关的不写；语言要准确，写清楚人或事件的真实情况。

（2）因为证明信是一种结论性的证据，所以要严肃认真、实事求是、言之有据。

（3）印章是证明信有效的标志，由单位或组织出具的证明信必须有单位公章或组织印章，个人名义出具的证明信则须亲笔签名并加按手印。

写作模式参考：

```
                        证明信

东山市职业中等专业学校：
    董柯，女，身份证号：37233020060118××××。董柯同学于2022年3月19日
至2022年5月29日，利用周末时间，在明苑社区所辖翠微小区进行志愿服务，参与
小区内政策宣传、秩序维护等工作，态度积极认真，工作扎实有效，为社区工作做出
了贡献。
    特此证明

                              道德街办事处明苑社区居委会（公章）
                                               2022年5月8日
```

- 称谓必须顶格写
- 特此证明不要漏
- 内容要有针对性
- 落款莫忘盖上章

任务实施 >>>>

根据情境导入提供的信息,你认为这封证明信应该写清哪些内容?请以明苑社区的名义,为王芳写一封证明信。

巩固练习 >>>>

1. 证明信具有_____特点,正文后一般以_____为结尾。
2. 请找出并修改下面这封证明信的错误,使之语言得体,格式规范。

证明信

兹有我校王昊天同学写的题目为"无惧风浪立潮头"的稿件,经审查,文章不涉及保密内容,未有一稿多投情况,同意推荐给你刊发表。

此致

敬礼

滨海市旅游职业中专
2022 年 6 月 13 日

3. 东山市职业中等专业学校 2018 级护理专业五班的张鹏同学想去一家社区医院应聘,但是他的毕业证不慎丢失,须回学校开证明信。请代学校办公室拟写这份证明信。

<<<< 微拓展 >>>>

"证明"不能随便开

在日常生活中,办理信用卡、买房贷款需要收入证明,求职应聘需要学历证明,辞职再就业需要离职证明,但这些证明千万不能随便开。

比如,员工银行贷款时要求开具高于实际工资的收入证明,或者办理离职证明时要求填写与实际不符的离职理由。此时,不少用人单位觉得不过是"小事一桩",都一一答应。但这个看起来不起眼的小动作,却会埋下不小的隐患。

王某,某科技公司销售主管,2013 年年初计划在甲市市区贷款买房。银行在办理贷款业务时要求其提供收入证明,他于是找到公司人力资源负责人,要求帮忙开具收入证明。

在他和公司的劳动合同中,约定的月工资为不低于 3 500 元。实际上每月加上一些销售提成,王某大概能拿到 6 000 元。但是,银行要求月收入不能低于 10 000 元才能满足其贷款条件。

因此,王某向公司提出了虚开高收入证明的请求。公司考虑到员工买房的紧迫性,觉得仅开个证明就能满足员工的购房需求,就同意了。王某因此顺利办理了按揭贷款手续。

不久,王某辞职。公司接着就收到了王某的仲裁申请书,请求仲裁委裁决公司补足长期拖欠的工资，提供的证据就是先前盖章的收入证明。该员工用这 10 000 元的收入证明，要求公司补足每月的差额部分。

最终，在公司没有其他证据反驳的情况下，仲裁委员会将用人单位出具的收入证明作为认定员工工资收入数额的合法证据，支持了王某的仲裁请求。

企业随意虚开高收入证明，却因"好心"而陷入官司。所以，出具证明需谨慎，实事求是最安全。

（摘自网络，有删改）

任务 2　拟写倡议书

情境导入 >>>>

创建文明城市寄托着人民群众对美好生活的热切期盼，是城市发展水平和文明程度的集中体现。

幸福湾小区虽绿树成荫，环境优美，但对照创建国家文明城市的相关标准，还有不小的差距，比如草坪上被踩踏出来的小路，甬道上的宠物粪便，停放在楼梯间的电瓶车……

小区居民对此非常不满，不断给物业提意见，到社区反映问题。"帮帮团"的志愿者们了解到这些情况后，开始积极动脑筋、想办法。

最后，志愿者们决定，先面向小区所有居民写一份倡议书，统一认识；同时联系小区物业办公室，协商解决车棚不足等实际问题。

王芳主动承担了拟写倡议书的任务。这份倡议书怎么写才更有效果呢？王芳查找相关资料，找到了一些倡议书的范文，觉得其中一份很有参考价值。下面就是她找到的倡议书。

例文借鉴 >>>>

共创无烟环境　共享健康生活
——致所有成年人的倡议书

为孩子们营造健康成长的环境是每个成年人的责任。值此第 33 个世界无烟日、第 71 个国际儿童节来临之际，我们呼吁所有成年人行动起来，支持控烟，参与控烟，送给孩子们一份最珍贵的节日礼物——无烟的健康世界！在此，我们联合倡议：

坚决拒绝二手烟。拒吸二手烟，当好自己健康的第一责任人，鼓励孩子们从小对二手烟坚决说"不"，勇敢捍卫自身健康权利。

公共场所不吸烟。吸烟者不在公共场所、室内工作场所和公共交通工具内吸烟，不让别人吸二手烟，是具备文明素养的标志。领导干部和教师、医务人员要带头示范，为孩子们树立一个好榜样。

无烟家庭多关爱。每个家庭争做无烟家庭，每个家庭成员要做到自己不吸烟，来客不敬烟，走亲访友不送烟，劝导亲友早戒烟，为孩子们营造一个健康温馨的港湾。

健康理念及早树。引导每个孩子树立"不吸烟最时尚"的健康理念，主动远离传统烟草产品和电子烟，从小培养健康生活方式。

健康强国，强国健康。孩子是国家和民族的未来，建设健康中国，从守护孩子的健康做起。让我们共同筑起无烟的屏障，为孩子们打造更美好的世界！

国家卫生健康委　中央文明办
广电总局　共青团中央　全国妇联
2020年5月27日
（摘自中国网）

简析：

　　这是一份由国家五部门联合发布的致所有成年人的倡议书。标题采用正副标题的形式，正标题用整齐的句式提出倡议内容，副标题点明了倡议对象。因倡议面很广，且已点明倡议对象，故称谓部分省略。正文第一段表明倡议的背景、目的，简洁明确。倡议内容分条列举，醒目突出。最后从孩子的健康对于国家民族的意义入手，概括性地提出希望。行文简洁而有气势，具有很强的号召力。

知识链接 >>>>

　　倡议书是由集体或个人向社会成员公开提出某种做法或思想，或倡导某种活动，号召人们支持、实行的一种专用书信。倡议书一般包括标题、称谓、正文、结尾和落款五个部分。

　　1. 标题　第一行居中用较大字体写上"倡议书"。也可在"倡议书"前加上发文单位名称、发文事由或倡议对象等，如"××集团党委倡议书""抗震救灾倡议书""致广大文艺工作者的倡议书"。

　　2. 称谓　标题下一行顶格写倡议对象的名称，后面要加上冒号。一般要依据倡议对象选用适当的称呼，如"广大的青少年朋友们""尊敬的各位业主"等。如果面向社会公众发出倡议，也可省略称谓。

　　3. 正文　在称谓下面另起一行空两格写。

　　一般先写倡议的背景、原因和目的，以引起倡议对象的重视；然后，写倡议的具体内容和要求，这是正文的重点部分。倡议的内容要具体化，比如开展怎样的活动，要做哪些事情，具体要求是什么，价值和意义有哪些等。如果内容较多，可以分条来写，这样清晰明确，一目了然。

　　4. 结尾　正文后另起一行空两格写，表达倡议者的决心和希望，或发出呼吁等。这部分内容不要占用太大的篇幅。倡议书一般不在结尾写表示敬意或祝愿的话。

　　5. 落款　包括署名和日期两部分：在结尾的右下方署上倡议的单位名称或个人姓名，署名下方写清发起倡议的日期。

写作导引

写作提示：

1. 观点要正确。

倡议书必须做到观点正确，符合时代精神，这是倡议书得到人们积极响应的前提。肯定什么、反对什么都要以法律为依据，以道德为准绳，以有利于发展为基础。

2. 号召力要强。

倡议书要做到有理有据，以理服人，富有鼓动性和感召力，让人看了以后，能引起思想上和认识上的共鸣，从而按照倡议的具体要求去做。

3. 措辞要恰切。

倡议书没有强制性，只是一种倡导。写作时注意谦虚诚恳，不说过头的话，不用命令的口气，情感真挚，达到让倡议对象自觉自律的目的。

4. 要有针对性。

倡议书写作之前，须做好调研工作，便于针对问题，有的放矢。同时，应多听听群众意见并加以吸收，使倡议书能引起群众的积极响应。

写作模式参考：

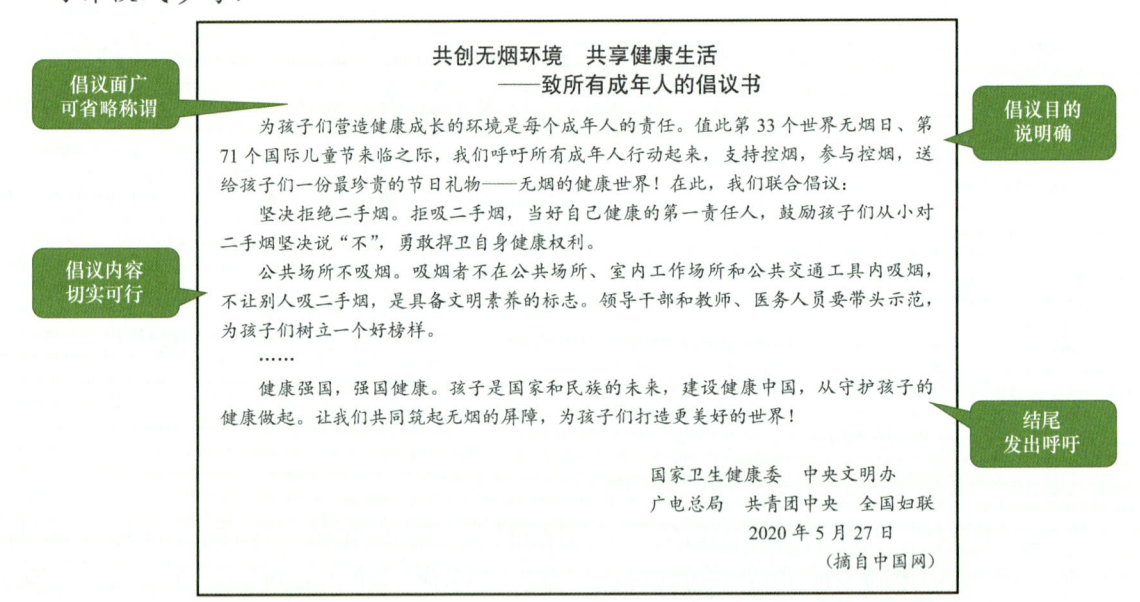

共创无烟环境　共享健康生活
——致所有成年人的倡议书

　　为孩子们营造健康成长的环境是每个成年人的责任。值此第 33 个世界无烟日、第 71 个国际儿童节来临之际，我们呼吁所有成年人行动起来，支持控烟，参与控烟，送给孩子们一份最珍贵的节日礼物——无烟的健康世界！在此，我们联合倡议：

　　坚决拒绝二手烟。拒吸二手烟，当好自己健康的第一责任人，鼓励孩子们从小对二手烟坚决说"不"，勇敢捍卫自身健康权利。

　　公共场所不吸烟。吸烟者不在公共场所、室内工作场所和公共交通工具内吸烟，不让别人吸二手烟，是具备文明素养的标志。领导干部和教师、医务人员要带头示范，为孩子们树立一个好榜样。

　　……

　　健康强国，强国健康。孩子是国家和民族的未来，建设健康中国，从守护孩子的健康做起。让我们共同筑起无烟的屏障，为孩子们打造更美好的世界！

国家卫生健康委　中央文明办
广电总局　共青团中央　全国妇联
2020 年 5 月 27 日
（摘自中国网）

标注：
- 倡议面广，可省略称谓
- 倡议目的说明确
- 倡议内容切实可行
- 结尾发出呼吁

任务实施

根据幸福湾小区存在的实际问题：乱踩乱踏绿地，乱停乱放车辆，不注意环境卫生……请以"学雷锋帮帮团"的名义，代王芳拟一份面向小区所有居民的倡议书。

> **巩固练习** >>>>

1. 写作倡议书的时候，我们应该注意哪些问题？
2. 请把下面这封倡议书补充完整。

"制止餐饮浪费，践行光盘行动"倡议书

同学们：

  勤俭节约是中华民族的传统美德，弘扬传统，践行美德，我们责无旁贷。希望同学们从自身做起，坚决制止餐饮浪费行为，切实培养节约习惯；同时，大家一起努力，在全社会营造浪费可耻、节约为荣的氛围。

  为此，我们向全校同学发出"制止餐饮浪费，践行光盘行动"倡议，让我们从今天起，做到以下几点：

  ……

  一份倡议，一个承诺，一种责任。亲爱的同学们，让我们从一日三餐做起，珍惜粮食，践行光盘行动，向舌尖上的浪费说"不"！

东山市职业中等专业学校 团支部
2021 年 3 月 17 日

3. "城市共享"是城市发展的新理念。近来，"共享自行车"悄然出现在齐安市街头。这些共享自行车因借还方便，价格实惠，有益环保，受到市民的欢迎。但有些人却把共享自行车停进自家小区，甚至破坏车锁、拆卸零件，据为己有。请写一封倡议书，倡导广大市民文明使用共享自行车。

<<<< **微拓展** >>>>

"弘扬美德传家风 移风易俗树新风"倡议书

  弘扬家庭美德过和谐年，践行移风易俗过文明年，遵守防疫规定过健康年。让我们在全社会营造倡扬文明新风的浓厚氛围，广泛开展丰富多彩的移风易俗宣传、服务活动，传承家庭美德，践行移风易俗，培树文明新风。如何更好地过和谐年、文明年呢？

弘扬家庭美德 过和谐年

又是一年春节，家和才能万事兴！

奶奶和妈妈包着饺子，其乐融融的家庭氛围，给家里添了不少欢声笑语。

小陈带爷爷在梅园新村打开红色地标，感受新年不一样的氛围。

奶奶和外婆一直是巾帼志愿者，每年的年三十这天，都会给社区的孤寡老人送去温暖，让那些孤寡老人不再孤单。

回家路上，小陈教爷爷学会了骑共享单车，也让爷爷感受到了年轻人的绿色低碳生活。

晚上，小陈一家六口在饭桌上吃着年夜饭，开心地聊着家长里短。

节约粮食，杜绝"舌尖上的浪费"，做文明风尚的倡导者。

（摘自学习强国，2020年1月28日，有改动）

任务3 起草公约

情境导入 >>>>

在物业、小区业主委员会和"帮帮团"的共同努力下，幸福湾小区乱搭乱建、随处拉绳晾晒的现象不见了，车辆停放也井然有序，居民之间的矛盾争执随之减少。

这天，小区业主委员会主任刘强找到"帮帮团"，对他们为小区做出的贡献表示感谢。谈到小区变化，刘强说："你们写的倡议书，我们本来以为没有惩戒措施，用处不大。没想到，大家伙儿还挺拥护，效果不错。"

"是呀，小区就像一个大家庭，谁不想自己的家园更美呢？只要大家心往一处想，劲往一处使，咱们小区一定会更好。"王芳笑着说。

"对，这也启发了我们，国有国法，家有家规，咱们定个小区公约怎么样？当然，还得请你们帮忙。"刘强提议。

"这个想法挺好，提高小区居民的自我管理和自我服务意识，效果肯定不错。"团长郭立说，"王芳，要不咱一起研究研究，帮助业委会一起拟个小区公约？"

他们于是咨询附近小区的做法，与相关方面讨论协商，着手准备起来。

例文借鉴 >>>>

"绿色家庭"公约

美丽的地球是我们共同的家园，美丽的环境是人类生存和发展的前提和基础。爱护地球、保护生态是我们每一个地球公民义不容辞的责任。家庭是社会的细胞，家庭低碳环保和我们的生活息息相关。每一个家庭成员自觉践行简约适度、绿色、低碳的生活方式，不仅可以节约资源、保护环境，也为家庭节省了开支，一举多得、意义深远。因此，我们倡导从以下10件小事做起，将绿色生活搬进家庭。

1. 随手关灯、拔插头，减少待机能耗；
2. 自觉选购节能家电、节水器具和节能灯泡等环保低碳产品；
3. 自觉实行垃圾减量、垃圾分类、一水多用，做到资源回收利用；
4. 随身自备饮水杯，尽量减少一次性用品使用；
5. 购物使用布袋子、菜篮子，尽量不用塑料袋；
6. 拒绝过度消费，合理健康饮食，用餐实践"光盘行动"；
7. 多在户外运动锻炼，多爬楼梯，少乘电梯，选择绿色休闲方式；
8. 自觉实行绿色出行，减少使用私家车，多乘公共交通工具，多走路，多骑车；
9. 家里多养花植绿，清洁房前屋后环境，净化、绿化、美化居室庭院；

10. 自觉不放、少放烟花爆竹，选择文明健康方式表达和享受喜庆气氛。

为了我们共同的、唯一的地球，为了我们生活的城市更加美好，也为了我们能够享受大自然的蓝天白云、绿水青山，让我们积极行动起来，从自身做起，从家庭做起，从点滴做起，从现在做起，共同承担起绿色使命，自觉成为生态文明、绿色生活的捍卫者和践行者，为建设美丽北京、美丽中国贡献自己的一份力量！

北京市妇女联合会
×年×月×日
（摘自搜狐网，有改动）

简析：

这是一份倡导环境保护的公约。标题属于事由加文种的类型。正文由引言、主体和结尾组成。引言从环境保护的重要性谈起，说明了制定此公约的目的和意义；主体采用条文式写法，言简意明，具体全面；落款列出公约制定者和日期。此公约格式规范，可行性强。

知识链接 >>>>

公约是社会组织、机关团体为了维护公共利益，通过讨论、协商所制定的大家共同遵守的行为规范。公约对于维护社会秩序、促进安定团结、加强精神文明建设发挥着不可低估的作用。

需要注意的是，此处所说的公约与用来维护国际生活正常秩序和国与国之间正常关系的国际公约不同，它主要是指在国内一定范围内使用的、带有公共性和督促性的文书，具有公众约定性、长期适用性、集体监督性和基本原则性等特点。结构上一般由标题、正文和落款组成。

1. 标题　标题在第一行居中用较大字体书写。可采用适用对象加文种的写法，如"教师公约"；也可用范围加文种，如"花园小区公约"；还可用事由加文种的写法，如"文明就餐公约"。

2. 正文　在标题下面另起一行空两格写。一般包括引言、主体和结尾三部分。

（1）引言。主要写明制定公约的目的及意义，常用"为了……特制定本公约"的固定格式，一般独立成段。

（2）主体。主体是公约的关键部分，这是人们要共同遵守的事项，一定要完整全面，层次清楚，言简意明，朴实通畅。这一部分一般采用条文式写法，将具体内容一一列出。

（3）结尾。写清执行要求和生效日期。如无必要，这一部分也可以省略不写。

3. 落款　包括署名和日期。在结尾的右下方署上发文单位或组织的名称，署名下方写清发布公约的日期。

写作导引

写作提示：

（1）公约要符合国家的政策法令，与时代发展、社会进步合拍，能引导人们积极向上，遵守公序良俗。

（2）内容要全面具体，切实可行。公约是一定范围内全体社会成员的自我约束规定，内容要做到全面完整，不能有所遗漏；同时要切实可行，是人们经过努力能做到的，如果标准太高，即使订了公约，也等于一纸空文。

（3）语言要准确简明、通俗易懂，避免出现模棱两可的语句和艰涩难懂的专业术语。

（4）公约的制订要走群众路线，广泛征求意见，坚持从群众中来，到群众中去的原则，增强其适用性和可行性。

写作模式参考：

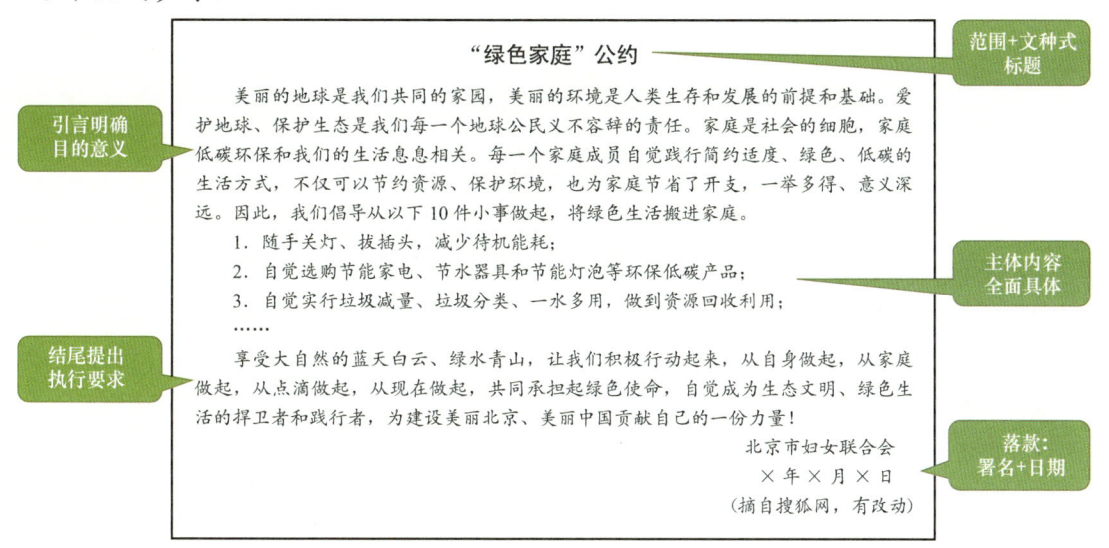

> **"绿色家庭"公约** —— 范围+文种式标题
>
> 美丽的地球是我们共同的家园，美丽的环境是人类生存和发展的前提和基础。爱护地球、保护生态是我们每一个地球公民义不容辞的责任。家庭是社会的细胞，家庭低碳环保和我们的生活息息相关。每一个家庭成员自觉践行简约适度、绿色、低碳的生活方式，不仅可以节约资源、保护环境，也为家庭节省了开支，一举多得、意义深远。因此，我们倡导从以下10件小事做起，将绿色生活搬进家庭。—— 引言明确目的意义
>
> 1. 随手关灯、拔插头，减少待机能耗；
> 2. 自觉选购节能家电、节水器具和节能灯泡等环保低碳产品；
> 3. 自觉实行垃圾减量、垃圾分类、一水多用，做到资源回收利用；
> ……
> —— 主体内容全面具体
>
> 享受大自然的蓝天白云、绿水青山，让我们积极行动起来，从自身做起，从家庭做起，从点滴做起，从现在做起，共同承担起绿色使命，自觉成为生态文明、绿色生活的捍卫者和践行者，为建设美丽北京、美丽中国贡献自己的一份力量！ —— 结尾提出执行要求
>
> 北京市妇女联合会
> ×年×月×日 —— 落款：署名+日期
>
> （摘自搜狐网，有改动）

任务实施

根据情境导入中幸福湾小区的实际情况，并结合个人对所居住小区的观察和体验，帮王芳他们以小区业主委员会的名义，为小区居民拟一份"文明公约"。

巩固练习

1. 公约是社会组织、机关团体为了维护_____，通过讨论、协商所制定的共同遵守的_____。

2. 请根据使用微信群的经验与体会，将下面的班级微信群管理公约补充完整。

班级微信群管理公约

为了促进同学们健康成长，为了老师与家长、学生之间的联系更紧密畅通，故为

本班全体教师、学生和家长搭建本群。为了能够更好地为大家服务，我们有必要对微信群加强管理，经全体成员同意，达成如下公约。

（1）
（2）
（3）
……

未尽事宜，欢迎各位补充。本公约自×年×月×日起实行。

××班
×年×月×日

3. 搜集关于"防溺水""文明上网""尊老爱幼""交通安全"等主题的公约，进行交流。

<<<< 微拓展 >>>>

宝应县曹甸镇古塔村村规公约

咱们村，是宝地，民风美，人称奇；建设好，新农村，本条约，需牢记；
爱国家，爱集体，跟党走，志不移；讲和谐，创业绩，谋发展，同受益；
勤读书，多学习，重科学，守法纪；讲平等，爱自由，国富强，民安康；
立新风，树正气，不赌博，禁恶习；爱公物，胜自己，莫损坏，多爱惜；
公益事，要积极，讲奉献，不贪利；好青年，勇服役，戍边疆，保社稷；
婚事新，丧事简，破旧俗，创新意；敬老人，遵伦理，爱儿童，细教习；
睦邻里，重情义，互帮助，如兄弟；讲文明，行礼义，宽他人，严自己；
爱生活，勤锻炼，健体魄，强身心；讲卫生，美环境，护生态，保长利；
倒垃圾，不随意，砖瓦柴，摆整齐；猪羊狗，鸡鸭兔，要圈养，多管理；
此条约，大家立，执行好，都受益；两文明，不分离，求发展，齐努力。

（摘自扬州文明网）

任务 4 写慰问信

情境导入 >>>>

春节即将到来，明苑社区内到处贴春联、挂灯笼，洋溢着浓郁的节日气氛。

这段时间明苑社区办公室的谭欣妍特别忙碌，她正在更新整理网格内的军属家庭、优抚对象等信息，准备春节期间组织志愿者进行慰问活动，给他们送去温暖。

她找到"帮帮团"的志愿者，商量慰问的事情。团长郭立说："这些军属家庭中的小伙子们保家卫国，过年大多不能回家。他们的家人更多的是缺少陪伴。咱们不能只从物质上，最好也能从精神上给他们安慰和温暖。"

"有道理，"王芳赞同道，"我们可以帮他们打扫打扫卫生，再陪他们聊聊天。"

"你们说得很有道理，除了这些，还可以再写一封慰问信，你们看咋样？"谭欣妍补充道。

"完美！"大家一致赞同。但是慰问信该怎么写呢？王芳打电话向老师请教，大家又从网上找了些慰问信的范文。

例文借鉴 >>>>

人力资源和社会保障部致全国技工教育和职业培训教师的慰问信

全国技工院校及职业培训机构的教师们：

在第三十七个教师节来临之际，人力资源和社会保障部向辛勤耕耘在全国技工教育和职业培训战线上的广大教师致以节日问候和崇高敬意！祝大家教师节快乐！

劳动者素质对一个国家、一个民族发展至关重要。党中央、国务院高度重视技能人才工作，要求大力发展技工教育，大规模开展职业技能培训，加快培养大批高素质劳动者和技术技能人才。全国技工院校和职业培训机构不忘立德树人初心，牢记为党育人、为国育才使命，坚持服务大局、促进就业、守正创新、特色发展，不断健全完善与经济社会发展相适应的现代技能人才培养体系。广大技工院校和职业培训机构教师爱党爱国、爱岗敬业、匠心育人、奋发进取、笃学实干、崇德修身、无私奉献，成为职业技能的传承者、工匠精神的践行者、技能成才的引领者，用行动和汗水诠释了新时代教师的责任与担当、坚守与情怀，为打赢脱贫攻坚战、全面建成小康社会等做出了重要贡献。

各级人力资源和社会保障部门要加强技工教育和职业培训教师的师德师风和职业能力提升工作，为教师素质强化创设平台，为教师职业发展拓宽渠道，为教师待遇改善增添举措，切实关心关爱教师，让广大教师在岗位上有幸福感、事业上有成就感、

社会上有荣誉感，吸引和鼓励更多优秀人才投身技能人才培养培育工作。

衷心祝愿全体教师身体健康、阖家欢乐、工作顺利、幸福平安！

人力资源和社会保障部

2021年9月9日

（节选中华人民共和国人力资源和社会保障部网站）

简析：

这是由人力资源和社会保障部给全国技工教育和职业培训教师发出的一封节日慰问信。正文首先交代发文原因；然后指出提高劳动者素质的重要意义，以及党和国家对此项工作的重视；接下来介绍技工院校和职业培训机构做出的重大贡献，盛赞他们的伟大精神；并对技工教育和职业培训教师提出希望，发出号召；最后对各级人力资源和社会保障部门提出要求；结尾部分对全体教师表示诚挚的祝愿。这封慰问信语言凝练顺畅，感情饱满真挚，字里行间充满关切，感染力强，切实发挥了慰问和鼓励的作用。

知识链接 >>>>

慰问信是以组织或个人名义向对方表示鼓励、关切、问候和安慰的一种专用书信。慰问信主要有两种：一种是表示同情安慰，另一种是在节日表示问候。慰问信通常由标题、称谓、正文、结尾、落款五部分组成。

1. **标题**　标题在第一行居中用较大字体书写。可单独以文种作为标题，如"慰问信"；还可用慰问对象加文种的写法，如"致×××的慰问信"；也可以是发文单位加慰问对象再加文种，如"×××致×××的慰问信"。

2. **称谓**　在标题下面另起一行顶格写受文单位或个人的称谓，后面加上冒号。写给个人的要在姓名后加上"同志""先生"等字样。

3. **正文**　在标题下面另起一行空两格写，一般包括以下内容：

（1）写慰问信的背景及原因。

（2）概括性地叙述对方的先进事迹、先进思想，或战胜困难、舍己为人、不怕牺牲的可贵品德和高尚风格，或者简要叙述对方所遭受的困难与损失，以表示发信方对此的关切程度。总之，这一部分要表现出钦佩或同情。

（3）提出希望或鼓励，表达共同的愿望和决心。

4. **结尾**　写表示祝愿的话，可另起一行空两格写"此致"或"祝"，下一行顶格写"敬礼"或"节日愉快""取得更大成绩"之类的话。

5. **落款**　包括署名和日期两部分，在结尾的右下方署上发文单位（加盖公章）或个人的全称，署名下方写成文日期。

写作导引 >>>>

写作提示：

（1）注意根据慰问对象和目的，确定写作重点。如慰问有功者，侧重赞扬激励；慰问有难者，侧重同情安慰；节日慰问，侧重肯定鼓励。

（2）感情要真挚自然，能够真正打动人心，达到安慰人的目的。

（3）语言要朴实精炼，亲切诚恳，措辞恰当。

写作模式参考：

人力资源和社会保障部致全国技工教育和职业培训教师的慰问信

全国技工院校及职业培训机构的教师们：

在第三十七个教师节来临之际，人力资源和社会保障部向辛勤耕耘在全国技工教育和职业培训战线上的广大教师致以节日问候和崇高敬意！祝大家教师节快乐！

劳动者素质对一个国家、一个民族发展至关重要。党中央、国务院高度重视技能人才工作，要求大力发展技工教育，大规模开展职业技能培训，加快培养大批高素质劳动者和技术技能人才。全国技工院校和职业培训机构不忘立德树人初心，牢记为党育人、为国育才使命，坚持服务大局、促进就业、守正创新、特色发展，不断健全完善与经济社会发展相适应的现代技能人才培养体系。广大技工院校和职业培训机构教师爱党爱国、爱岗敬业、匠心育人、奋发进取、笃学实干、崇德修身、无私奉献，成为职业技能的传承者、工匠精神的践行者、技能成才的引领者，用行动和汗水诠释了新时代教师的责任与担当、坚守与情怀，为打赢脱贫攻坚战、全面建成小康社会等做出了重要贡献。

各级人力资源和社会保障部门要加强技工教育和职业培训教师的师德师风和职业能力提升工作，为教师素质强化创设平台，为教师职业发展拓宽渠道，为教师待遇改善增添举措，切实关心关爱教师，让广大教师在岗位上有幸福感、事业上有成就感、社会上有荣誉感，吸引和鼓励更多优秀人才投身技能人才培养培育工作。

衷心祝愿全体教师身体健康、阖家欢乐、工作顺利、幸福平安！

人力资源和社会保障部
2021年9月9日

标注：标题：发文单位+慰问对象+文种；引言明确目的意义；赞扬贡献、精神；提出希望、要求；结尾发出祝愿；落款：署名+日期

任务实施 >>>>

请根据前面情境导入中提供的有关信息，代明苑社区给辖区内的军属家庭写一封春节慰问信。

巩固练习 >>>>

1. 慰问信有两种，一种是_____，另一种是_____。

2. 根据下面的材料，将这封慰问信补充完整。

材料：90岁的志愿军老战士程龙江家住辽宁抚顺市。1950年，19岁的他入朝作战，先后参加了抗美援朝战争的5次战役。他多次立功，曾亲手抓获7名俘虏。在战斗中他伤痕累累，右腿被炸伤，耳朵被震聋失聪，鼻子被冻伤失灵，至今肺部还残留着弹片。回忆当年的战斗,他说:"炸坦克那一刻,我就没想活。我们能赢,靠的是中国精神。"

慰问信

敬爱的程爷爷:

您好!

今天,在隆重纪念中国人民志愿军抗美援朝出国作战70周年之际,谨向您致以亲切的问候和崇高的敬意!

广大抗美援朝志愿军老战士是民族英雄、国家功臣。70年前,_____。

在此,我们怀着崇高的敬意向您致敬!

哪有什么岁月静好,不过是有人为我们负重前行。今天的开明盛世,离不开你们舍生忘死、浴血奋战。我们永远不会忘记那些艰难岁月中为和平、正义抛头颅、洒热血的英雄,你们用生命捍卫了和平与正义,推动了人类进步事业的发展,我们必将铭记历史,砥砺前行。

今天岁月静好,如您所愿。作为新时代的接班人,_____
_____。

诚既勇兮又以武,终刚强兮不可凌。身既死兮神以灵,魂魄毅兮为鬼雄。英雄是民族的脊梁,时代的引领者。作为英雄的后辈,我们应该崇尚英雄,捍卫英雄,学习英雄,致敬英雄!

祝您

身体健康,阖家幸福!

东山市职业中等专业学校2020级全体同学
×年×月×日

3. 医者仁心,大爱无疆。无论是平凡的日常工作,还是救灾抢险一线,广大医务人员都积极响应党和政府的号召,不畏艰险,挺身而出,满怀对人民的赤诚和对生命的珍视,舍生忘死,筑起守护健康、救死扶伤的钢铁长城。在"五一"国际劳动节来临之际,请以明苑社区的名义,给社区卫生室的医护工作者们写一封慰问信。

◀◀◀◀ 微拓展 ▶▶▶▶

多和慰问对象聊一会儿

"丁零零……"手机闹钟响起,第77集团军某旅人力资源科干事江炎钊紧忙按下取消键,扭头继续与上等兵小王交谈:"不好意思。请继续,刚才你反映的困难我们一定尽力解决!"

听到江炎钊的手机铃声后,小王面露怯色,作势起身想要送他出门:"江干事,您这大老远跑来一趟也不容易,要是有事就赶快去忙,毕竟我已经耽误了您这么长时间。"

"这次本来就是代表单位专程来慰问你的。况且……"江炎钊将小王扶回病床，把后半句话憋在了心里——况且，我其实是带着任务来的。

　　江炎钊来医院探望慰问住院官兵前，领导专门提出要求："多和慰问对象聊一会儿，时间嘛，至少30分钟。"

　　对于这个要求，江炎钊很不理解：机关工作那么忙，能专门抽出时间组织慰问就很不易了，为啥还要聊那么久？能聊些啥？但军令如山，还是要听令而行。踏入病房前，他在手机上设好闹钟，打算时间一到，就假装闹铃是电话铃声，借接电话之由离开就好。

　　"小王，你老家在哪儿啊？父母身体咋样呀？大夫说你的病情如何？"将慰问信和慰问品等交到小王手中，江炎钊率先打开话匣子。几番寒暄过后，场面果然像他预想的那样陷入了"冰点"。

　　"为啥就不能像以前慰问那样，放下东西后客套两句就走？"江炎钊心里直犯嘀咕。偷瞄一眼手机，时间才过去不到10分钟，他有些坐不住，便随手从自己拎来的果篮里拿起一个苹果，一边削着果皮，一边同小王"尬聊"着。

　　"来，吃个苹果。"江炎钊将苹果递到小王面前。本是随意的举动，可小王的反应让他吓了一大跳。这个即使面对病魔都依然坚毅勇敢的战士，在接过苹果的一瞬间，"哇"的一声哭了出来："以前要是生病了，都是我妈给我削水果……"

　　"小王别哭，想妈妈了吧？别难过，战友们都是你的亲人。这不，我不是来看你了嘛……"见状，江炎钊再顾不上别的心思，赶忙安慰小王。

　　"住院期间有啥困难吗？我们尽力解决！"待小王情绪平复后，江炎钊再次发问，此时的他目光中充满了温情。是啊，每逢佳节倍思亲，更何况小王还身在病床。至此，他终于明白那道命令的含义：慰问对象各有难处，和他们聊够30分钟不是目的，通过陪伴让他们感受到组织的温暖才是初衷。

　　时间一分一秒过去，设置的闹钟响起，江炎钊没有急于离开，而是继续与小王促膝长谈，直到再三确认他没有其他需要帮助解决的困难后，这才缓缓起身。

　　"安心养病，有困难随时给我打电话，除夕夜我来医院陪你守岁！""除夕？真的？""没错，除夕！"

　　与小王约定好，江炎钊下意识地看了一眼手机屏幕——距离他到这里，已不知不觉过去了54分钟。

　　慰问，"问"是手段，"慰"是目的。慰问时，一次亲切的握手、一句温暖的祝福、一场促膝的交谈，都能让慰问对象感受到来自组织的温暖。所谓"人心换人心"，开展慰问必须捧着一颗真心，才能使慰问真情可感、抚慰心灵。

（摘自2022年1月19日《解放军报》，有删改）

项目五学习评价

自我评价表

学习文种	评价要素	评价等级			
		优秀 （五星）	良好 （四星）	一般 （三星）	待努力 （三星以下）
证明信	1. 了解证明信的概念和特点。 2. 掌握证明信的格式和写作要求。 3. 能出具格式规范、有针对性的证明信	☆☆☆☆☆			
倡议书	1. 了解倡议书的概念和特点。 2. 掌握倡议书的格式和写作要求。 3. 能拟写有鼓动性和感召力的倡议书	☆☆☆☆☆			
公约	1. 了解公约的概念和特点。 2. 掌握公约的格式和写作要求。 3. 能起草内容全面、切实可行的公约	☆☆☆☆☆			
慰问信	1. 了解慰问信的概念和种类。 2. 掌握慰问信的格式和写作要求。 3. 能写出格式规范、感情真挚的慰问信	☆☆☆☆☆			
项目学习 整体评价	☆☆☆☆☆ （优秀：五星\良好：四星\一般：三星\待努力：三星以下）				

魅力职场篇

项目六 岗位实习强技能

岗位实习是中职学校培养技能人才的重要环节，有利于同学们深入了解社会，提升职业素养，增强岗位意识和岗位责任感，为适应岗位需求打下坚实基础。

怀着对职业生涯的向往，高宇来到远方新媒体公司进行了六个月的岗位实习。在这里他签署了走向实习岗位的第一份"实习协议"，明白了写"实习日志"的重要性，学会了做"会议记录"，并在实习结束后提交了"实习报告"。了解、学习这些文体，将帮助我们解决实习期间的许多问题。让我们开启本项目的学习吧。

学习目标

素质提升

1. 学习如何利用协议保护自身的合法权益，自觉树立维权意识、法律意识。
2. 形成以社会实践验证书本理论知识的思维品质，培养积极进取、严谨务实的职业素养。

必备知识与关键能力

1. 了解实习协议的构成要素，能读懂实习协议中具体条款的含义，能通过签订协议保障自身合法权益。
2. 明确写作实习日志的意义，掌握实习日志的基本写作要求，能写出语句通顺、条理清晰的实习日志。
3. 掌握会议记录的格式及写作要求，能用简洁的语言准确、完整地记录会议内容。
4. 掌握实习报告的一般写作格式，学会总结与反思，能写出全面、具体、客观的实习报告。

任务1 读懂实习协议

情境导入 >>>>

春节后返校，中职三年级的学生将进行为期半年的岗位实习。高宇那颗跃跃欲试的心早就飞到了职场。他多渴望能在工作岗位上大显身手，像大国工匠中的那些楷模一样，做一个行业领军人啊！他认为：那样才能更好地实现自身的价值。

"高宇，又在畅想未来？"看到高宇倚在走廊上发呆，年轻的班主任走过来拍了拍他的肩膀，"把这份实习协议发给同学吧。"

高宇回过神来，翻开班主任递给他的协议，"老师，还要签协议？"

"对！岗位实习是你们独立工作的开始。你们要尝试独当一面了，既承担责任，又履行义务，"班主任明亮的眼睛充满期许，"协议既能约束你们，也能保护你们，好好跟同学们研究一下吧。"

"好的，老师。"高宇答应着，转身朝教室走去。面对上岗前将要签署的第一份协议书，他的确得与同学们认真研究一下。

例文借鉴 >>>>

职业学校学生岗位实习三方协议

甲方（学校）：　　　　　　乙方（实习单位）：
通讯地址：　　　　　　　　通讯地址：
联系人：　　　　　　　　　联系人：
联系电话：　　　　　　　　联系电话：

丙方（学生）：　　　　　　丙方法定监护人（或家长）：
身份证号：　　　　　　　　身份证号：
家庭住址：　　　　　　　　家庭住址：
联系电话：　　　　　　　　联系电话：

为规范和加强职业学校学生岗位实习工作，提升技术技能人才培养质量，维护学生、学校和实习单位的合法权益，根据国家相关法律法规及《职业学校学生实习管理规定》（2021年修订），甲方拟安排_____级_____学院（系、部）_____专业学生_____（丙方）赴乙方进行岗位实习。为明确甲、乙、丙三方权利和义务，经三方协商一致，签订本协议。

一、基本信息

1. 实习项目（甲方填写）：_____
2. 实习岗位（乙方填写）：_____
3. 实习地点：_____
4. 实习时间：___年___月___日—___年___月___日
5. 工作时间：_____
6. 实习报酬
   报酬金额：_____

支付方式：_____
支付时间：_____

7. 食宿条件
   就餐条件：_____
   住宿条件：_____
8. 甲方实习指导教师：_____ 联系电话：_____
9. 乙方实习指导人员：_____ 联系电话：_____

二、甲方权利与义务

1. 负责联系乙方，并审核乙方实习资质与条件，确保乙方符合实习要求，提供的实习岗位符合专业培养目标要求，与学生所学专业对口或相近。不得安排丙方跨专业大类实习，不得仅安排丙方从事简单重复劳动。

2. 根据人才培养方案，会同乙方制订实习方案，明确岗位要求、实习目标、实习任务、实习标准、必要的实习准备和考核要求，实施实习的保障措施等，并向丙方下达实习任务。

3. 会同乙方制定丙方实习工作管理办法和安全管理规定，丙方实习安全及突发事件应急预案等制度性文件，对实习工作和丙方实习过程进行监管，并提供相应的服务。

4. 为丙方投保实习责任保险，责任保险范围应覆盖实习活动的全过程，包括丙方实习期间遭受意外事故及由于被保险人疏忽或过失导致的丙方人身伤亡，被保险人依法应当承担的赔偿责任以及相关法律费用等。丙方在实习期间受到人身伤害，属于保险赔付范围的，由承保保险公司按保险合同赔付标准进行赔付；不属于保险赔付范围或者超出保险赔付额度的部分，由乙方、甲方、丙方承担相应责任。甲方有义务协助丙方向侵权人主张权利，投保费用不得向丙方另行收取或从丙方实习报酬中抵扣。

5. 依法保障实习学生的基本权利，不得有以下情形：

（1）安排一年级在校丙方进行岗位实习；

（2）安排未满16周岁的丙方进行岗位实习；

（3）安排未成年丙方从事《未成年工特殊保护规定》中禁忌从事的劳动；

（4）安排实习的女学生从事《女职工劳动保护特别规定》中禁忌从事的劳动；

（5）安排丙方到酒吧、夜总会、歌厅、洗浴中心、电子游戏厅、网吧等营业性娱乐场所实习；

（6）通过中介机构或有偿代理组织、安排和管理学生实习工作；

（7）安排丙方从事Ⅲ级强度以上体力劳动或其他有害心健康的实习；

（8）安排丙方从事法律法规禁止的其他活动。

6. 除相关专业和实习岗位有特殊要求，并事先报上级主管部门备案的实习安排外，应当保障丙方在岗位实习期间按规定享有休息休假、获得劳动卫生安全保护、接受职业技能指导等权利，并不得有以下情形：

（1）安排丙方从事高空、井下、放射性、有毒、易燃易爆，以及其他具有较高安全风险的实习；

（2）安排丙方在休息日、法定节假日实习；

（3）安排丙方加班和上夜班。

7. 不得向丙方收取实习押金、培训费、实习报酬提成、管理费、实习材料费、就业服务费或者其他形式的实习费用，不得扣押丙方的学生证、居民身份证或其他证件，不得要求丙方提供担保或者以其他名义收取丙方财物。

8. 为丙方选派合格的实习指导教师，负责丙方实习期间的业务指导、日常巡查和管理工作；开展实习前培训，使甲方和实习指导教师熟悉各实习阶段的任务和要求。对丙方做好思想政治、安全生产、道德法纪、工匠精神、心理健康等相关方面的教育。

9. 督促实习指导教师随时与乙方实习指导人员联系并了解丙方情况，共同管理，全程指导，做好巡查，并配合乙方做好丙方的日常管理和考核鉴定工作，及时报告并处理实习中发现的问题。

10. 实习期间，对内方发生的有关实习问题与乙方协商解决；发生突发应急事件的，会同乙方按安全及突发事件应急预案及时处置。

11. 实习期满，根据丙方的实习报告、乙方对丙方的实习鉴定和甲方实习评价意见，综合评定丙方的实习成绩。

12. 公布热线电话（邮箱），对各方的咨询及时回复，对反映的问题按管理权限和职责分工组织进行整改。

热线电话：＿＿＿＿＿＿ 邮箱：＿＿＿＿＿＿。

13. 甲方对违反规章制度、实习纪律、实习考勤考核要求以及本协议其他规定的丙方进行思想教育，对丙方违规行为依照甲方规章制度和有关规定进行处理。对违规情节严重的，经甲乙双方研究后，由甲方给予丙方纪律处分。给乙方造成财产损失的，丙方依法承担相应责任。

14. 组织做好丙方实习工作的立卷归档工作。实习材料包括：（1）实习三方协议；（2）实习方案；（3）学生实习报告；（4）学生实习考核结果；（5）学生实习日志；（6）实习检查记录；（7）学生实习总结；（8）有关佐证材料（如照片、音视频等）等。

三、乙方权利与义务

1. 向甲方提供真实有效的单位资质、诚信状况、管理水平、实习岗位性质和内容、工作时间、工作环境、生活环境，以及健康保障、安全防护等方面的材料。

2. 严格执行国家及地方安全生产和职业卫生有关规定，会同甲方制定安全生产事故应急预案，保障丙方实习期间的人身安全和身体健康，协助甲方制定丙方岗位实习方案，保障丙方的实习质量。

3. 定期向甲方通报丙方实习情况，遇重大问题或突发事件应立即通报甲方，并按照应急预案及时处置。

4. 甲乙双方经协商，可以由乙方为丙方投保实习责任保险。责任保险范围应覆盖实习活动的全过程，包括丙方实习期间遭受意外事故及由于被保险人疏忽或过失导致的丙方人身伤亡，被保险人依法应当承担的赔偿责任以及相关法律费用等。丙方在实习期间受到人身伤害，属于保险赔付范围的，由承保保险公司按保险合同赔付标准进行赔付；不属于保险赔付范围或超出保险赔付额度的部分，由乙方、甲方、丙方依法承担相应责任。乙方会同甲方做好丙方及其法定监护人（或家长）等善后工作。乙方有义务协助丙方向侵权人主张权利。投保费用不得向丙方另行收取或从丙方实习报酬中抵扣。

5. 按照本协议规定的时间和岗位为丙方提供实习机会，所安排的工作要符合法律规定且不损害丙方身心健康；不得仅安排丙方从事简单重复劳动。为丙方提供劳动保护和安全、卫生、职业病危害防护条件。落实法律规定的反性骚扰制度，不得体罚、侮辱、骚扰丙方，保护丙方的人格权等合法权益。

6. 依法保障实习学生的基本权利，不得有以下情形：

（1）接收一年级在校丙方进行岗位实习；

（2）接收未满16周岁的丙方进行岗位实习；

（3）安排未成年丙方从事《未成年工特殊保护规定》中禁忌从事的劳动；

（4）安排实习的女学生从事《女职工劳动保护特别规定》中禁忌从事的劳动；

（5）安排丙方到酒吧、夜总会、歌厅、洗浴中心、电子游戏厅、网吧等营业性娱乐场所实习；

（6）通过中介机构或有偿代理组织、安排和管理学生实习工作；

（7）安排丙方从事Ⅲ级强度以上体力劳动或其他有害心健康的实习；

（8）安排丙方从事法律法规禁止的其他活动。

7. 除相关专业和实习岗位有特殊要求，并事先报上级主管部门备案的实习安排外，应当保障丙方在岗位实习期间按规定享有休息休假、获得劳动卫生安全保护、接受职业技能指导等权利，并不得有以下情形：

（1）安排丙方从事高空、井下、放射性、有毒、易燃易爆，以及其他具有较高安全风险的实习；

（2）安排丙方在休息日、法定节假日实习；

（3）安排丙方加班和上夜班。

8. 实习期间，如为丙方提供统一住宿，应为其建立住宿管理制度和请销假制度。如不为丙方提供统一住宿，应知会甲方并督促丙方办理相应手续。

9. 不得向丙方收取实习押金、培训费、实习报酬提成、管理费、实习材料费、就业服务费或者其他形式的实习费用，不得扣押丙方的学生证、居民身份证或其他证件，不得要求丙方提供担保或者以其他名义收取丙方财物。

10. 会同甲方对丙方加强思想政治、安全生产、道德法纪、工匠精神、心理健康等方面的教育。对丙方进行安全防护知识、岗位操作规程等教育培训并进行考核，如实记录教育培训情况。不得安排未经教育培训和未通过岗前培训考核的丙方参加实习。

11. 乙方安排合格的专业人员对丙方实习进行指导，并对丙方在实习期间进行管理。

12. 乙方根据本单位相同岗位的报酬标准和丙方的工作量、工作强度、工作时间等因素，给予丙方适当的实习报酬。丙方在实习岗位相对独立参与实际工作、初步具备实践岗位独立工作能力的，合理确定实习期间的报酬，并以货币形式按月及时、足额、直接支付给丙方，支付周期不得超过1个月，不得以物品或代金券等代替货币支付或经过其他方转发。不满1个月的按实际岗位实习天数乘以日均报酬标准计发。

13. 在实习结束时根据实习情况对丙方作出实习考核鉴定。

四、丙方权利与义务

1. 遵守国家法律法规，恪守甲乙双方安全、生产、纪律等各项管理规定，提高自我保护意识，注重人身、财物及交通安全，保护好个人信息，预防网络、电话、传销等诈骗。严禁涉黄、涉赌、涉毒、酗酒，严禁到违禁水域游泳或参与等其他危险活动，严禁乘坐非法营运车辆等。

2. 遵守甲乙双方的实习要求、规章制度、实习纪律及实习三方协议，认真实习，完成实习方案规定的实习任务，撰写实习日志，并在实习结束时提交实习报告；不得擅自离岗、消极怠工、无故拒绝实习，不得擅自离开实习单位。

3. 若违反规章制度、实习纪律以及实习三方协议，应接受相应的纪律处分；给乙方造成财产损失的，依法承担相应责任。

4. 在签订本协议时，丙方应将实习情况告知法定监护人（或家长），并取得法定监护人（或家长）签字的知情同意书作为本协议的附件。

5. 如不在统一安排的宿舍住宿，须向甲乙双方提出书面申请，经丙方法定监护人（或家长）签字同意，甲乙双方备案后方可办理。

6. 实习期间，丙方因特殊情况确需中途离开或终止实习的，应提前七日向甲乙双方提出申请，并提供法定监护人（或家长）书面同意材料，经甲乙双方同意，并办妥离岗相关手续后方可离开。

7. 严格按照乙方安全规程和操作规范开展工作，爱护乙方设施设备，有安全风险的操作必须在乙方专门人员指导下进行，保守乙方的商业、技术秘密，保证在实习期间及实习结束后不向任何第三方透露相关的资料和信息。

8. 个人权益受到侵犯时，应及时向甲乙双方投诉。丙方认为乙方安排的工作内容违反法律或相关规定的，应立即告知甲方，并由甲方协调处理。

9. 实习期间，丙方发生人身等伤害事故的，有依法获得赔偿的权利。属于保险赔付范围的，由承保保险公司按保险合同赔付标准进行赔付；不属于保险赔付范围或者超出保险赔付额度的部分，由乙方、甲方、丙方依法承担相应责任。

五、协议解除

1. 经甲、乙、丙三方协商一致，可以解除协议，并以书面形式确认。

2. 有以下情形之一的，可以解除本协议：

（1）因不可抗力致使协议不能履行；

（2）甲方因教学计划发生重大调整，确实无法开展岗位实习的，至少提前十个工作日以书面形式向乙方提出终止实习要求，并通知丙方；

（3）乙方遇重大生产调整，确实无法继续接受丙方实习的，至少提前十个工作日以书面形式向甲方提出终止实习要求，并通知丙方；

（4）法律法规及有关政策规定的其他可以解除协议的情形的。

3. 有以下情形之一的，无过错的一方有权解除协议，并及时以书面形式通知其他两方：

（1）甲方未履行对实习工作和丙方的管理职责，影响乙方正常生产经营的，经协商未达成一致的；

（2）乙方未履行协议约定的实习岗位、报酬、劳动时间等条件和管理职责的，经协商未达成一致的；

（3）丙方严重违反乙方规章制度，或丙方严重失职，给乙方造成人员伤亡、设备重大损坏以及其他重大损害的；

（4）法律法规作出的相关禁止性规定的情形的。

六、附则

1. 本协议一式____份，甲、乙、丙三方各执____份，具有同等法律效力。

2. 任何一方未经其他两方同意不可随意终止本协议，任何一方有违约行为，均须承担违约责任。

3. 有关本协议的其他未尽事宜，由甲、乙、丙三方协商解决并签署书面文件予以确认。协商不成的，任何一方当事人有权向所在地人民法院提起诉讼。

4. 本协议自签字（盖章）之日起生效，至约定实习期届满或丙方实习结束时终止。

5. 甲、乙、丙任何一方通讯地址（联系方式）等与丙方实习相关的重大信息发生变更的应及时通知其他两方，否则，由此产生的一切不利后果自行承担；给其他两方造成损失的，应承担相应的法律责任。

6. 本协议条款中涉及《职业学校学生实习管理规定（2021年修订）》中规定的原则上"不得"的，如实习因特殊要求存在不履行的可能，甲、乙、丙三方需事先协商一致、签订同意书，并报上级主管部门备案同意后，在不违反法律规定的条件下，方可实施，不视为违约。

7. 如丙方集体签订协议，需由丙方代表签字，其他所有丙方需签订相应委托书，并作为本协议的附件。丙方代表在签字前，应将协议文本内容提前告知每一位参加岗位实习的学生（丙方）及其法定监护人（或家长），并在签署后将协议副本交每一位参加岗位实习的学生（丙方）。

8. 其他事项：_____

甲方：（学校盖章）　　　　乙方：（实习单位盖章）

法定代表人（签字）：　　　法定代表人（签字）：

　　　年　月　日　　　　　　　年　月　日

丙方：（签字）

　　　年　月　日

附件：1. 补充协议（若有）

2. 丙方岗位实习法定监护人（或家长）知情同意书

3. 职业学校学生岗位实习三方协议签约委托书

简析：
　　这是一份针对职业学校学生岗位实习的三方协议示范文本。首先列出基本信息，表明签订协议的目的和意义；然后以条文的形式详细列出了学校、企业与学生三方在岗位实习中所拥有的权利与应履行的义务，各方的责、权、利等规定具体明确，考虑周密，能切实保障相关各方的合法权益；接下来是解除协议的有关规定以及整份协议的附属说明事项；最后是协议的附件，此部分是协议内容的有效补充。这份安全协议符合国家法律法规，兼顾三方职责和权利，条款内容明确、合理、具体，格式统一、完整、规范，宜于执行。

知识链接 >>>>

　　协议是指针对社会活动中的某项事务或某种权利，相关的双方或多方经过协商后达成的一致意见。在实际应用中，协议的种类很多，如财产分割协议、产品代理协议、货物赔偿协议等，广义的协议还包括合同、条约、联合声明等。实习协议是协议的一种，是当事人双方或多方为预防和解决岗位实习中出现的问题，保障各自的合法权益，经协商达成一致意见后所签署的具有法律效力的书面材料。

　　签订实习协议，其目的是从法律意义上明确协议各方所承担的责任。作为一种能够明确彼此权利与义务、具有约束力的凭证性文书，协议对当事人双方或多方都具有制约性，它能监督对方信守诺言、约束轻率反悔行为。

　　实习协议一般由标题、首部、正文和尾部四部分组成，有的实习协议尾部之后还有起补充作用的附件。

　　1. 标题　可以直接居中写"实习协议"四个字，也可以采用协议内容加文种的形式，如"职业学校学生岗位实习三方协议"等。

　　2. 首部　写明签订实习协议各方的基本情况，一般包括各方的单位、姓名等，各方在单位、姓名前分别用"甲方""乙方""丙方"等表明，还要写清签订协议人的身份证号、通信地址、联系电话等内容。

　　3. 正文　分为导言与主体两部分。导言交代签订实习协议的目的、原因、依据等内容。主体部分包括基本信息（如实习的岗位、地点、报酬等相关信息）、各方的权利与义务、协议解除的各种情况说明和附则。附则含有协议份数、生效时间、违约界定以及未尽事宜与其他事项等内容。正文须对协议涉及的有关责任、权利、义务、事项执行过程及实施要求等各项事宜做出明确、具体、全面的说明，以免因误解或责任不明而造成不必要的麻烦。

　　4. 尾部　协议各方签字，相关单位须加盖公章，最后写清签订协议的日期。

　　实习协议如有补充协议、补充说明、委托书等附件，须在尾部后面依次附列。

写作导引

写作提示：

（1）实习协议要符合国家法律的相关规定；签订实习协议的各方，必须坚持平等、自愿的原则，不允许一方将自己的意见强加给另一方。

（2）实习协议的内容应是签订协议各方真实意愿的表达，协议中各方信息要准确，各方的权责考虑要周全，不要有所遗漏。

（3）协议格式应完整，语言表述要简明准确、条理清晰，切忌含混不清、模棱两可，以免产生歧义，导致误解或纠纷。

写作模式参考：

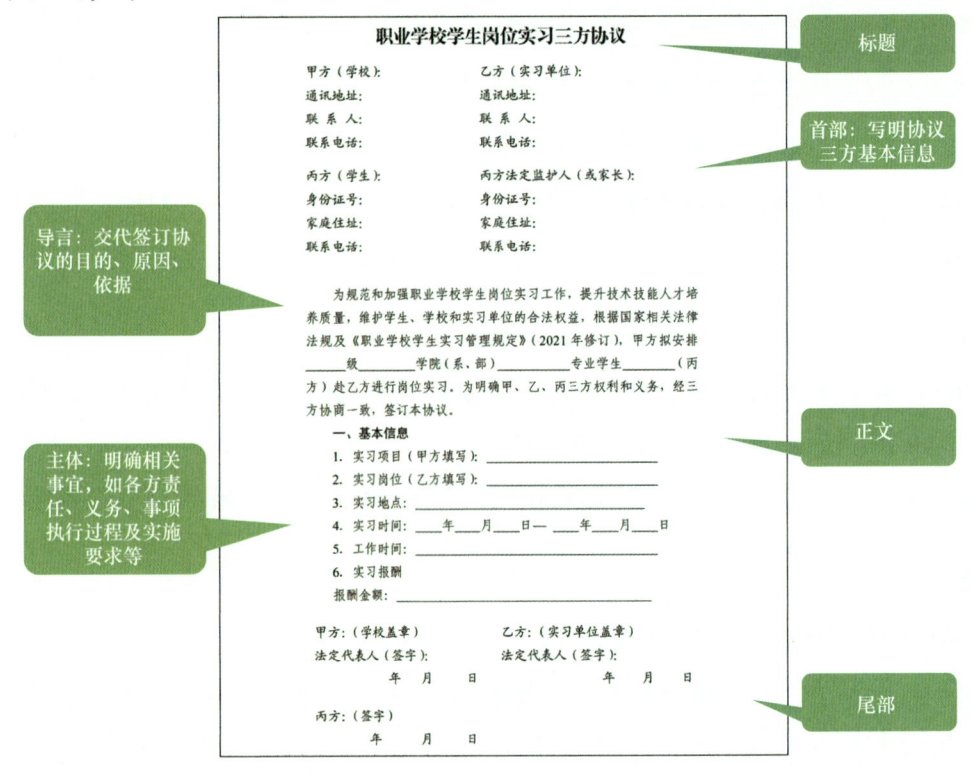

职业学校学生岗位实习三方协议

甲方（学校）：　　　　　乙方（实习单位）：
通讯地址：　　　　　　　通讯地址：
联系人：　　　　　　　　联系人：
联系电话：　　　　　　　联系电话：

丙方（学生）：　　　　　丙方法定监护人（或家长）：
身份证号：　　　　　　　身份证号：
家庭住址：　　　　　　　家庭住址：
联系电话：　　　　　　　联系电话：

为规范和加强职业学校学生岗位实习工作，提升技术技能人才培养质量，维护学生、学校和实习单位的合法权益，根据国家相关法律法规及《职业学校学生实习管理规定》（2021 年修订），甲方拟安排　　　级　　　学院（系、部）　　　专业学生　　　（丙方）赴乙方进行岗位实习。为明确甲、乙、丙三方权利和义务，经三方协商一致，签订本协议。

一、基本信息
1. 实习项目（甲方填写）：
2. 实习岗位（乙方填写）：
3. 实习地点：
4. 实习时间：　　年　　月　　日—　　年　　月　　日
5. 工作时间：
6. 实习报酬：
报酬金额：

甲方：（学校盖章）　　　乙方：（实习单位盖章）
法定代表人（签字）：　　法定代表人（签字）：
　　　年　月　日　　　　　　年　月　日

丙方：（签字）
　　　年　月　日

- 标题
- 首部：写明协议三方基本信息
- 导言：交代签订协议的目的、原因、依据
- 正文
- 主体：明确相关事宜，如各方责任、义务、事项执行过程及实施要求等
- 尾部

任务实施

同学们一拿到实习协议书就七嘴八舌地议论起来，"甲方""乙方""丙方"指代的都是谁呢？咱们在实习中享有哪些权益？万一不满意，如何解除协议，具体条件都是怎么规定的？

请仔细阅读协议中的具体条款，试着解决上述问题，并结合实习协议中的关键内容思考其重要作用。

巩固练习

1. 实习协议的正文一般包括导言和主体两个部分，这两部分各自又包含哪些具体的内容呢？

2. 吴晓静的哥哥找了一份工作，在正式入职前，他有两个月的实习考核期。看了哥哥拿回来的《实习协议书》，晓静总觉得有些不妥，但一时也不知该如何提醒哥哥。请阅读下面这份《实习协议书》，帮助吴晓静分析一下其在内容或格式方面存在的问题。

鸿运食品公司员工实习协议书

甲方：鸿运食品公司

乙方：吴爱国

经考核，甲方同意乙方为本公司试用期员工，经双方协商，达成如下协议并共同遵守：

一、试用期限：2022年7月1日至2022年8月30日。

二、试用期工作时间：按照甲方制定的作息时间执行。

三、试用工资：2 000元/月。

四、甲方责任：

1. 对乙方进行岗前培训，帮助乙方了解甲方工作环境，掌握岗位工作要求，并根据有关规定对乙方进行日常实习管理。

2. 如甲方认为乙方不符合甲方工作要求的，甲方提前三个工作日以书面形式通知乙方，并为乙方办理退职手续。

3. 根据乙方实习期间表现，如实填写《员工试用期情况鉴定表》。

五、乙方责任：

1. 遵守国家法律法规，遵守甲方规章制度。

2. 严格遵守甲方安全生产操作规程，不得违章作业。若不按规程操作造成经济损失，由乙方承担。

3. 乙方对甲方食品配方、加工流程等资料严格保密，严禁外漏。乙方除使用各种资料履行工作职责外，不得做其他用途。

4. 乙方不享受甲方员工的社会劳动保险、住房公积金等福利待遇。

5. 乙方在试用期内如发生磕碰等交通事故，责任自负。

6. 乙方要听从甲方安排，若遇到订单多的情况，随时做好加班的准备。

7. 乙方如因个人原因要提前结束试用，当月补贴不予发放。

2022.6.25

3. 东山市旅游学校导游专业的张晓伟同学将要到本市青山绿水旅行社进行6个月的岗位实习。该旅行社考虑到张晓伟还不是正式员工，出于工作需要，就与其协商并签署了《实习生安全协议》。阅读下面这份协议书，想一想还应该注意哪方面的安全问题，请补充3条。

实习生安全协议书

甲　方：青山绿水旅行社

乙　方：实习生　张晓伟　身份证号：1234××××××567890

监护人姓名：张浩财

家庭住址：东山市纬一路28号枫景佳园7号楼6单元502室

联系电话：132×××4567

为了全面贯彻上级有关文件精神，增强用人单位和实习生的安全防护意识，确保实习生的人身安全，维护正常岗位实习秩序，根据教育部《学生伤害事故处理办法》等有关规定，特制定本协议。

1. 甲方负责实习生岗位实习期间的实习、职业规范和职业技能的教育，并负责为学生提供安全的实习环境。

2. 甲方负责为乙方购买意外伤害险。

3. 乙方在岗位实习期间应严格遵守国家法律法规、社会公德及单位的相关要求。

4. 乙方＿＿＿＿＿＿＿＿＿＿＿＿＿＿＿＿＿＿＿＿＿＿＿＿＿＿＿＿＿＿＿＿＿。

5. 乙方＿＿＿＿＿＿＿＿＿＿＿＿＿＿＿＿＿＿＿＿＿＿＿＿＿＿＿＿＿＿＿＿＿。

6. 乙方监护人＿＿＿＿＿＿＿＿＿＿＿＿＿＿＿＿＿＿＿＿＿＿＿＿＿＿＿＿＿。

7. 如若出现安全事故，根据《中华人民共和国学生伤害事故处理办法》进行相应处理。

甲　方：绿水青山旅行社（章）　　　　　乙　方：张晓伟（手写）

法定代表人：王大发（手写）　　　　　　乙方监护人：张浩财（手写）

　　　2022 年 12 月 17 日　　　　　　　　　　2022 年 12 月 17 日

<<<< **微拓展** >>>>

实习生维权小故事

小张系清北县职业中等专业学校学生，2022 年 5 月 8 日，经学校安排到某公司实习。同年 9 月的一天，小张在实习单位上班工作时，右手受伤被送往医院救治，后经住院治疗后，被劳动能力鉴定委员会评定为七级伤残。小张要求公司按工伤伤残待遇赔偿自己，但公司不同意，于是就向劳动争议仲裁委员会申请仲裁。那么，小张受伤是否属于工伤？他该如何维权？

案例解析：

根据《劳动法》规定，实习生不是劳动法意义上的劳动者，他们和用人单位之间没有建立事实或者法律上的劳动关系；《工伤保险条例》第二十九条规定："职工因工作遭受事故伤害或者患职业病进行治疗，享受工伤医疗待遇。"据此，只有属于工伤事故范围的职工，才能向用人单位提出工伤损害的赔偿请求。在校学生与实习单位之间建立的不是劳动关系，实习生的身份仍是学生，不是劳动者，不具备工伤保险赔偿的主体资格，在实习过程中受伤不享受工伤保险待遇。因此，劳动争议仲裁委员会以双方未形成劳动关系、该争议不属于劳动争议为由决定不予受理。

该类案件虽不属于《劳动法》调整的劳动争议案件，但应属于《民法通则》《侵权责任法》调整的一般的民事人身损害赔偿案件。因此，本案小张因在实习过程中受伤，可以向人民法院起诉请求人身损害赔偿。

用人单位在聘用未毕业的实习生时，应与学校及学生签订三方协议，明确各自的权利和义务，并最好购买意外伤害险等商业保险来转移风险。

（摘编自腾讯网，有改动）

任务 2　写实习日志

情境导入 >>>>

"高宇，写实习日志呢！"李师傅端着大瓷杯踱过来，看了看坐在桌边眉头紧皱的高宇。

"师傅，天天写实习日志，有啥可写的呀？"高宇有些不情愿地问道。

"记录工作内容，谈谈工作体会，"李师傅呷了一口水，"写实习日志的主要目的是让你们梳理一天的工作，总结经验，找出不足，自评反思……这可是职场'新兵'迅速成长最有效的方法。"

高宇若有所思。"天下大事必做于细"，那就从脚踏实地写好每一篇"实习日志"开始吧。

"我明白了，师傅！我会认真写的。不过……"高宇冲李师傅真诚一笑，又不好意思地挠了挠头。

李师傅似乎早有准备，从包里抽出两张纸。"给，看看吧。虽然专业不一样，但肯定会有所启发。"纸上写了哪些内容呢？一起看一下。

例文借鉴 >>>>

例文一

<h3 style="text-align:center">焊接岗位实习日志</h3>

姓名： 张亚洲　　　　　　　　　　　　　　　　**日期：** 2022 年 4 月 3 日

实习地点	校办实习工厂		实习岗位	焊接车间
实习目的	1. 树立劳动意识与安全文明生产意识，遵守焊接操作规范。 2. 熟练掌握"打磨－装配－焊接"加工流程，提高焊接工艺分析能力与动手操作能力			
实习任务	1. 完成碳钢板划线、放样与下料。 2. 完成碳钢板装配与定位。 3. 完成碳钢板的焊接			
实习小结	问题与措施	问题所在： 1. 钢板下料尺寸误差大。 2. 钢板装配中变形。 3. 焊接中产生夹渣。 解决措施： 1. 放样中提高精确度。 2. 装配中采用夹具等固定，以防发生变形。 3. 多次练习，提高技能水平		
	心得体会	第一次按照焊接工艺制作出焊接产品，很有成就感和喜悦感。虽然加工出的部件很粗糙，但我有信心通过练习不断提高技能水平，力争尽早独立上岗		

简析：

　　这是一份机械大类焊接技术应用专业的实习日志，采用表格的形式，主要包括了实习地点、实习岗位、实习目的、实习任务与实习小结等。其中，实习小结分别从问题与措施、心得体会两个方面加以反思，表明实习者能够认真梳理实习过程，总结实习经验，为进一步提升专业实践能力奠定基础。日志内容简明扼要，思路清晰，富有条理。

例文二

2021 年 11 月 11 日　　　　星期四　　　　晴

实习日志

　　"双 11"，大家忙得不可开交。

　　"忙中易出错"，说得挺有道理，我算是"身"有体会。今天，我把同事接的单子不小心写成自己的了，还好同事及时发现纠正了过来。但看得出，她很不开心。

　　我能理解，因为业务量与绩效奖励直接挂钩，如果影响收入，谁也不会开心。的确是自己不细心才导致工作失误，影响了同事工作心情。事后，我向她真诚地道了歉。她没有责怪我，只是叫我以后注意点儿。

　　这次失误让我再次告诫自己：工作的时候不能马虎大意，尤其在备注和统计订单的时候，务必要看清客服人员的工号！

简析：

　　这是一份电子商务专业学生写的实习日志，主要记录了实习中发生的一件印象深刻的事情。这种短文式的实习日志有利于完整地记叙实习生的经历见闻和所思所想，能有针对性地对实习过程中发生的事件进行梳理，找出不足，总结经验。从这份实习日志看，记录者能够换位思考，善于自我反思，并决心改正不足。这样解决工作中的问题，久而久之自然能够提升工作能力，理顺人际关系，提高职业素养。

知识链接 >>>>

　　日志是日记的一种，主要用于记载每天所做的工作，如"教学日志""工作日志"等。实习日志主要记录实习过程中的工作情况、细节要点、见闻感受和心得体会等，目的是梳理实习过程、反思个人得失，以更好地理论联系实践，完善知识结构，规范实习行为，提升工作能力。

　　实习日志常用的写作形式有表格式、短文式以及图文或图表相结合的形式，可根据岗位工作特点、内容表达的需要、实习单位提供的模板等情况灵活加以选择。无论哪种形式的实习日志，都主要包括标题、基本信息、实习目的、实习内容与实习小结等几个组成部分。

　　1. **标题**　　可以只写文种名称"实习日志"，也可以采用内容（或地点）加文种名称的

形式，如"会计师事务所实习日志"等。

2. **基本信息** 包含实习的时间、地点、岗位等，有的还会写上天气、环境、人员等相关信息。

3. **实习目的** 根据各自的专业特点、具体的实习岗位及相关的实习要求，分别从职业态度、专业素养、岗位工作标准、实习技能技巧等方面表明实习目的。

4. **实习内容** 根据具体的实习岗位叙述实习情况，记录过程环节，写明通过实践操作掌握的主要技能等。

5. **实习小结** 既可以通过回顾和反思总结实习中的经验收获、不足之处与改进措施，也可以围绕实习的内容、过程以及实习的效果进行自我评价。

写作导引 >>>>

写作提示：

（1）实习日志在记录实习中的工作情况、要点信息时要客观真实，谈实习的心得体会应结合实习单位的岗位特点、管理制度与业务范围等，并力求言简意赅，简明扼要。

（2）要避免将实习日志写成流水账或者心情日记，应突出重点内容，体现专业特色，注意详略安排。

（3）表达的语言要平实、通顺，避免使用一些个性化的缩略语或表意符号。在常规情况下，实习日志具有一定的公开性，如有的实习日志要交给指导教师审阅，并由教师给予一定的反馈。

写作模式参考：

焊接岗位实习日志

姓名：张亚洲			日期：2022 年 4 月 3 日
实习地点	校办实习工厂	实习岗位	焊接车间
实习目的	\multicolumn{3}{l	}{1. 树立劳动意识与安全文明生产意识，遵守焊接操作规范。 2. 熟练掌握"打磨—装配—焊接"加工流程，提高焊接工艺分析能力与动手操作能力。}
实习任务	\multicolumn{3}{l	}{1. 完成碳钢板划线、放样与下料。 2. 完成碳钢板装配与定位。 3. 完成碳钢板的焊接。}
实习小结	\multicolumn{3}{l	}{问题所在： 1. 钢板下料尺寸误差大。 2. 钢板装配中变形。 3. 焊接中产生夹渣。 解决措施： 1. 放样中提高精确度。 2. 装配中采用夹具等固定，以防发生变形。 3. 多次练习，提高技能水平。}
心得体会	\multicolumn{3}{l	}{第一次按照焊接工艺制作出焊接产品，很有成就感和喜悦感。虽然加工出的部件很粗糙，但我有信心通过练习不断提高技能水平，力争尽早独立上岗}

- 从素养、岗位要求等方面明确实习目的
- 基本信息注明姓名、日期、地点及岗位
- 写明通过实践操作要掌握的主要技能
- 实习小结包括经验与收获、不足与措施、体会与反思等。根据实际情况有侧重地记录即可

任务实施 >>>>

如果高宇实习的岗位正好与你的专业对口，他该怎样选择实习日志的格式和写法呢？请结合你所学的专业，搜集材料或者进行实地走访，设计一份适合本专业的实习日

魅力职场篇

志样式。适用表格式的要设计出完整具体的表格，适用短文的须列出明确的写作提纲，适用图文或图表混排的应清楚标明图或表的具体栏目以及文字部分的小标题等。

巩固练习 >>>>

1. 常用的实习日志一般包括_____、_____、_____、_____、_____等几个组成部分。

2. 阅读下面这份护理专业的实习生写的日志，思考其中存在的问题，谈谈自己的修改建议。

姓名	张敬	实习日期	2022.5.21
实习地点	城区医院	实习岗位	外科护理
实习目的	1. 加强医学道德修养，树立救死扶伤的人道主义精神。 2. 巩固医学基础理论知识，训练系统观察病情和临床思维能力。 3. 掌握常见病、多发病的临床表现和护理技术，并学会初步护理		
实习内容	1. 认真学习门诊、病房等护理文书的书写，能正确采集护理病史，做到内容完整、准确，重点突出，条理分明。 2. 掌握临床药物的剂量、用法、作用与药物常见不良反应，达到临床合理应用。 3. 运用护理基础理论、基础知识和基本的临床技术，能够进行常见病的护理		
实习体会	今日小雨，那细细的雨丝仿佛下进了我心里，心情沉郁又低落。 　　当学生时，对工作充满了憧憬与期待。实习了，才体会到职业人的辛苦。一天不得休息不说，关键是学校里学的知识一面对病患时，就自动失踪不见踪影，大脑里空空如也。面对老师的提问，只有沉默。真是没有经过实践检验的记忆犹如沙滩上的足迹，海浪一来便什么都没有了。 　　下班给妈妈打了个电话，妈妈还是唠唠叨叨地叮嘱我要吃好睡好学好。我静静听着，第一次没有不耐烦。有家人的关心，心情好了不少。 　　晚上，文丽约我一起吃饭。我们去了小吃街，先喝了奶茶，后吃了我们最喜欢的麻辣烫。在夜晚的霓虹灯下，小雨竟然也美丽了起来。果真，闺蜜是治愈一切的"良药"		

3. 根据自己假期或课余时间参与的社会实践活动，如短期打工、公益劳动、志愿服务等，就其中某一天的活动过程及心得体会写一篇日志。写作形式不限，字数不少于400字。

<<<< 微拓展 >>>>

"师父说他25今年属虎！"这份实习日记火了

"今天是我第一天来实习。我说我20，师父说他25属虎……"近日，四川江油一名警校生的实习日记火了。

> 专业实习日记及小结
>
> 姓名 ▊▊▊ 岗位 派出所 在岗日期 8月23日至8月27日 出勤(5)天
>
> 周 8.23 一
> 今天实习第一天来公安局报到，说是给我分到了派出所，本来想去刑警队的，真没意思。认识了带我的师父，看起来未比我大不了几岁，我说我20，他说他25今年属虎。

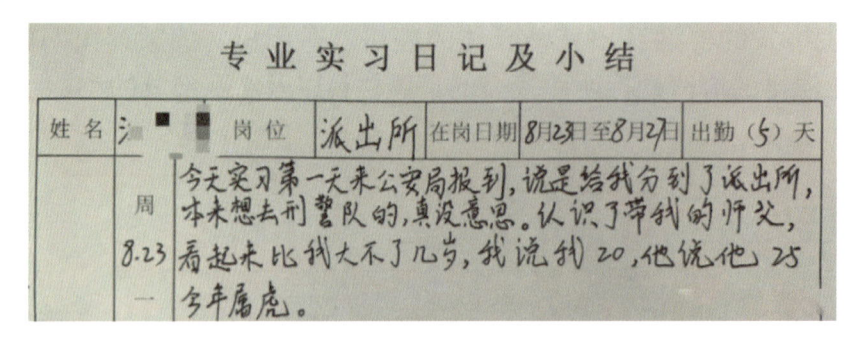

写上述日记的实习生叫许隆轩，来自四川警察学院。今年8月，他来到江油市公安局实习。和其他同学的实习日记不同，他的语言风格幽默、搞笑，甚至还在日记中，调侃起自己的师父官熙糯。

"我这个小年轻师父，婚都没结，女朋友好像都没找到，居然完美调解了两口子的纠纷！"

> 周 8.24 二
> 值班坐台接电话，接了无数个电话，终于把派出所的电话记住了。下午跟着师父调解纠纷，这两口子一直在吵架我都插不上嘴，我这个年轻师父婚都没结，女朋友好像都没找到，就，最后居然完美调解了？？？

"街坊邻里的叔叔阿姨竟然想让他当女婿。我才发现他比我大一轮而且25岁不属虎。"

> 周 8.26 四
> 师父今天带我下社区入户，街坊邻里的叔叔阿姨们对师父相当热情，还有几个竟然想让他当女婿，我这才发现他的年龄居然比我大一轮，而且25岁不属虎！

"师父的游戏名称居然是'别刷单是诈骗'，师父实在是太菜了……"

> 周 8.28 六
> 迎来了第一个双休，打游戏的时候发现师父也在玩，他的游戏名称居然是"别刷单是诈骗"，反诈宣传都做到游戏里了！一起开了两把黑，师父实在是太菜了，咱也不敢说，咱也不敢问，对了，他只会安琪拉…

"和师父走访调查时，听到'再不听话就叫警察抓你！'师父举起的手颤了一下，直接扯嗓子大喊'别拿警察吓唬孩子！'"

> 周 8.31 二
> 和师父走访调查的时候恰好碰上家长在教育孩子，师父正准备敲门的时候我俩听到里面来了句"再不听话就叫警察抓你！"师父举起的右手顿了一下，直接扯着嗓子大喊"别拿警察吓孩子！"给我吓一跳！

"我睡了一天后，发现师父又忙了一天没睡，他的白头发是熬夜熬的……"

> 昨晚通宵，一宿没睡，早上十点师父才叫我睡觉，我就真的睡了一天，起来后发现他好像又忙了一天一直没睡。（我就说嘛，他的白头发是熬夜熬的，根本就不像他说的那样，是我气出来的。）
> 周9.4六

说起师父，许隆轩用"特别逗"三个字形容。"师父生活中是个有趣的人，我俩沟通起来没代沟，看他每天忙忙碌碌，就想在日记中记录我俩的日常。没想到，写着写着画风就变了。但他工作时很严肃，经常板着脸，我都有点怕他。"

许隆轩的师父官熙糯是江油市公安局的一名警察，今年32岁。提到徒弟写的日记，他表示自己最开始只知道徒弟要写实习日记，做工作记录。

"这孩子开始都没给我看，我还是在网上看到的，确实写得很有意思，给我也逗笑了。"

官警官说，自己还会带小许实习一个月。他一直把小许当成孩子一样照顾。在工作出现差错的时候，也会对小许严厉批评。"小许性格活泼、开朗。公安工作确实比较辛苦，作为警校实习生，他比较能吃苦，对工作很有热情和爱心，一起执行任务时也很勇敢。"

许隆轩表示，实习结束后，就要回学校准备招警考试，"我的志向是成为一名像师父一样的好警察。如果有机会的话，还想回到师父身边继续学习"。

（选自海淀公安网）

任务3 做会议记录

情境导入 >>>>

"小高,办公室刘主任临时有事外出了。"王经理拍拍高宇的肩膀,"听李师傅说,你字写得不错,书写也快,今天下午的会议你做记录。"

"经理,我没做过啊。"高宇有点忐忑。

"没什么难度,如实记录会议流程及发言内容就行,"王经理说道,"不过,要专注,记录速度要快。"

"好,我会尽力的。"高宇点头,暗忖:凡事都有第一次,撸起袖子干就行了。

中午,高宇顾不上吃饭,抓紧时间上网查阅会议记录的相关知识。

"记录要客观,不能带有自己的感情色彩……要详略得当,重要的讨论、意见和建议要……"他一边搜索,一边念念有词地记录要点。

李师傅看到高宇这么好学,满心欢喜。他很喜欢这个勤快能干又头脑灵活的小伙子,期待着高宇完成好临时分派的任务。

高宇搜索查阅了怎样的参考资料呢?我们也一起来了解一下会议记录这种文体。

例文借鉴 >>>>

会议记录

会议名称	讨论"班级十佳"人选		
会议时间	2022年6月20日16时	会议地点	教学楼101室
出席人	2021级舞蹈一班班主任及全体班干部、团支部委员		
缺席人	团支部组织委员吴晓双	缺席原因	病假
主持人	班长许德玲	记录人	团支书杨红蝶
会议过程及内容	一、主持人宣布开会并发言 开会主要内容是响应学校教育处评选"班级十佳"活动号召,讨论一下咱们班"班级十佳"的人选。请大家踊跃提名。 二、与会人员依次发言 1. 纪律委员高金羽:提名陈缘,她人缘好,与人为善,从来没有与同学发生过矛盾。她经常帮助身边的同学,积极传递正能量。 2. 体育委员杨晴然:推选高文萍,她能力出众,代表学校在市运动会上拿到了两块奖牌,为学校赢得了荣誉。 3. 杨红蝶:提名许德玲。她吃苦耐劳,凭出色的能力从卫生委员干到班长,而且积极化解同学之间的矛盾,增强了班级凝聚力。 4. 学习委员杨丰颖:提名升旗手高金羽。不论严寒酷暑都坚守岗位,在每次的升旗仪式上都展示了良好的风采。		

会议过程及内容	5. 宣传委员刘佳：我选刘力硕与高扬。作为班里仅有的两名男生，他们很有绅士风度，苦活累活抢着干。 6. 文艺委员武萍：提名张敬。她代表咱班专业技能最高水平，我觉得专业这么牛的人不是十佳，那还能有谁堪称十佳？ 7. 许德玲：提名杨晴然。她来自单亲家庭，但从不抱怨生活不公，总是乐观向上，心存善念，给予别人温暖与力量。 8. 生活委员高娟：提名于昊彤。从刚入校时的羞涩胆怯，到现在的勇敢自信，她不断突破自我，奋力前行的精神感染了我。 9. 副班长刘佳：我提名刘敏。她身残志坚，开朗乐观，把生活中所有的苦难融化在笑容里。 10. 主持人总结：十佳人选的确定，还应征求同学们的意见。 三、主持人宣布会议决定 1. 晚自习举行投票活动，统计获得提名同学的得票情况。 2. 明天午休时间，评议小组到班主任办公室，综合考虑投票和评议情况确定最终人选，并将人员名单报学校教育处
主持人签名	许德玲　　　　记录人签名　　　　杨红蝶

简析：

　　这是一份表格式的会议记录，格式完整，要点清晰。表格中依次填写了会议的基本信息、会议过程中的发言情况及会议决定的主要事项。会议相关信息如时间、地点、主持人、记录人、出席人、缺席人及缺席原因等记录清晰、完整。会议记录的主体部分——会议过程、发言情况、会议决策等简明扼要、真实准确。最后，会议记录的审核签名无一遗漏，符合记录要求。

知识链接 >>>>

　　会议记录是指在会议过程中，由记录人员把会议的基本情况和具体内容记录下来的一种应用文体。会议记录具有原始性和凭据性的特点。原始性是指按照会议流程如实记录会议上的讲话内容与研究事项，一般不允许加工；凭据性是指会议记录作为会议原始情况的真实记录，可以为编写工作简报和会议纪要提供依据和参考。根据会议的性质、内容以及记录的方法等不同的分类标准，会议记录可以分为不同的种类形式。无论哪种形式的会议记录，一般都包括标题、会议基本情况、会议内容、结尾四个部分。

1. 标题　可以直接在首行居中写"会议记录"，也可采用"内容＋文种"或"单位名称＋事由＋文种"的形式，如"迎新春师生书画展活动安排会议记录""江苏省办公厅第五次办公会议记录"等。

2. 会议基本情况　第一，会议名称，一般由"单位名称＋事由＋文种"组成，如"幸福里社区电梯维修费用支出说明会议记录"。第二，会议时间，要写清年、月、日，重要的会议还应写上具体的起止时间，如"上午8∶30—11∶30"。第三，会议地点，写清楚会议召开的具体地点，必要时还应注明所在地。第四，会议主持人，一般要写明主持人的姓名、职务。第五，出席、列席和缺席人员，有的记录还须写明缺席人员的缺席原因；重要的会议可另设签到表（簿），以便日后核查，并随同会议记录一并保存。第六，会议记录人，写明记录人姓名、职务。

3. 会议内容 通常包括会议发言和会议决策两项内容。具体包括会议讨论、研究了哪些具体事项，动议、表决有何结果，以及最后的决策是什么等。凡属重要发言，如指示性讲话、权威意见和布置任务、总结工作的言论等，均应尽可能如实记录。对会议中的某些过程性环节，不必做总结式说明。

4. 结尾 会议记录的结尾没有固定格式，可另起一行，空两格写"散会"字样，也可省略。在会议记录的下方，留有会议主持人和记录人签名处，须手写签名。

写作导引 >>>>

写作提示：

1. 内容要真实准确

应如实记录与会人员的发言，不得断章取义，尤其是会议决定等重要内容，更不能有丝毫出入。总之，须做到不添加、不遗漏，依实而记，书写清楚，条理清晰。

2. 记录应突出重点

记录内容的详细与简略，要根据情况决定。一般而言，决议、建议、问题和发言人的观点、论据材料等要记得具体、详细。一般情况的说明，可抓住要点，略记大概意思。

写作模式参考：

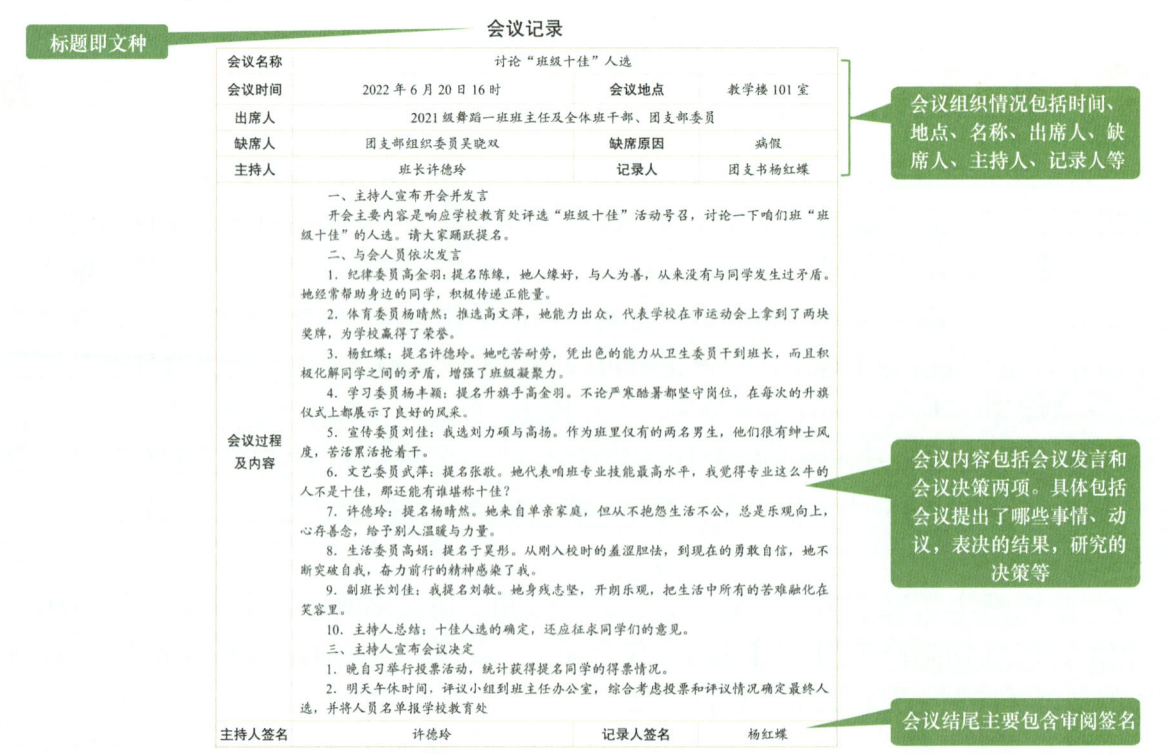

会议记录

会议名称	讨论"班级十佳"人选		
会议时间	2022年6月20日16时	会议地点	教学楼101室
出席人	2021级舞蹈一班班主任及全体班干部、团支部委员		
缺席人	团支部组织委员吴晓双	缺席原因	病假
主持人	班长许德玲	记录人	团支书杨红蝶

标题即文种

会议组织情况包括时间、地点、名称、出席人、缺席人、主持人、记录人等

会议过程及内容

一、主持人宣布开会并发言
开会主要内容是响应学校教育处评选"班级十佳"活动号召，讨论一下咱们班"班级十佳"的人选。请大家踊跃提名。
二、与会人员依次发言
1. 纪律委员高金羽：提名陈缘。她人缘好，与人为善，从来没有与同学发生过矛盾。她经常帮助身边的同学，积极传递正能量。
2. 体育委员杨晴然：推选高文萍，她能力出众，代表学校在市运动会上拿到了两块奖牌，为学校赢得了荣誉。
3. 杨红蝶：提名许德玲。她吃苦耐劳，凭出色的能力从卫生委员干到班长，而且积极化解同学之间的矛盾，增强了班级凝聚力。
4. 学习委员杨丰颖：提名升旗手高金羽。不论严寒酷暑都坚守岗位，在每次的升旗仪式上都展示了良好的风采。
5. 宣传委员刘佳：我选刘力华与高扬。作为班里仅有的两名男生，他们很有绅士风度，苦活累活抢着干。
6. 文艺委员武萍：提名张敬。她代表咱班专业技能最高水平，我觉得专业这么牛的人不是十佳，那还能有谁堪称十佳？
7. 许德玲：提名杨晴然。她来自单亲家庭，但从不抱怨生活不公，总是乐观向上，心存善念，给予别人温暖与力量。
8. 生活委员高娟：提名王昊形。从入校时的羞涩胆怯，到现在的勇敢自信，她不断突破自我，奋力前行的精神感染了我。
9. 副班长刘佳：我提名刘敏。她身残志坚，开朗乐观，把生活中所有的苦难融化在笑容里。
10. 主持人总结：十佳人选的确定，还应征求同学们的意见。
三、主持人宣布会议决定
1. 晚自习举行投票活动，统计获得提名同学的得票情况。
2. 明天午休时间，评议小组到班主任办公室，综合考虑投票和评议情况确定最终人选，并将人员名单报学校教育处

会议内容包括会议发言和会议决策两项。具体包括会议提出了哪些事情、动议，表决的结果，研究的决策等

主持人签名	许德玲	记录人签名	杨红蝶

会议结尾主要包含审阅签名

> 任务实施 >>>>

因办公室刘主任出门比较匆忙,高宇来不及领取公司专门印制的会议记录簿,就将会议内容记录在自己的笔记本上。下面是高宇记录的内容,请将其填写到会议记录表格中,具体样式可参照例文中的会议记录表格。

公司安全工作会议

时间:4月1日下午3∶30　　　　　　地点:二楼会议室
主持人:王经理　　　　　　　　　　出席人:公司中层各部门主任

王经理:今天下午召集大家开会,主要内容是通报一下近期消防安全检查情况,布置下一步的安全整改工作。先请保卫处肖主任说一下检查情况。

肖主任:今天上午,分管咱们这一片区的消防支队来公司检查安全工作,提出以下需要整改的地方:公寓楼的上下楼梯间有铁栅门,存在安全隐患;办公楼上下楼梯无应急灯,安全出口指示牌无指示箭头;新媒体制作室的插排走线随意,违反安全用电管理制度;个别消火栓接口出现氧化现象。车库的自动喷淋系统不完善,有的形同虚设。

王经理:安全无小事,大家要高度重视。根据部门分工,大家看看哪些属于本部门的问题,能解决的马上安排人员解决。

物业管理处井主任:会后我们抓紧安排,一是拆除公寓楼的铁栅栏,二是给办公楼加装应急灯,将安全出口的指示牌全更换为带指示箭头的新指示牌。

保卫处肖主任:针对个别消火栓接口出现氧化现象,我们保卫处联系相关有资质的单位,签订一份消防设施保养合同,定期保养,保证消防设施的正常使用。

新媒体业务部方主任:新媒体制作室归我们部门管理,散会后我亲自去检查,立即整改所有违反安全用电规定的问题,并加强管理和监督,避免再犯。

车辆调度处韩主任:车库的自动喷淋系统不完善,得重新采购,资金使用较多,而且这方面的业务我们帮不上……

王经理:这样吧,由财务处联系相关供货商先做预算,写个申请报上来,公司各位经理开会时研究解决。

保卫处肖主任:说到车库,现在咱们公司的车量较多,要加强监督和管理,大家发现乱停乱放的、进出车库不减速的,要及时制止,或者直接通知我们保卫处来处理。

王经理:大家还有其他建议吗?

人力资源处吴主任:我觉得还应该提高公司员工的消防安全意识,定期进行消防安全培训和应急疏散演练。

王经理:这个建议很好。办公室刘主任有事外出,回来后通知他,起草消防安全学习培训和应急演练的文件,下一步着手落实。吴主任,你帮我记着提醒。

人力资源处吴主任:是。一定告知。

王经理:安全大于天。做好安全工作,保障各方面的安全,是公司发展的前提,各部门不仅要高度重视,还要密切配合。昨天消防大队检查发现的安全隐患,我们一定要迅速落实，本月中旬要完成整改内容。

另外，我再提几点要求。一是加强安全监督检查，由原先的每月一次增加到每月两次，主要参加人员是保卫处和各部门的安全监督员。二是各位部门负责人要积极主动，平时加强安全巡检，及时发现问题，防患于未然。三是分区域设定安全责任人，责任到人，会后由保卫处联合办公室一起设定安排。四是对全体员工进行安全培训，这个刚才提到了，待办公室起草的文件通过后执行。五是制作一批安全宣传与提示标示牌，全部上墙，对公司员工、外来人员都能起到很好的警示作用。

散会。

巩固练习 >>>>

1. 会议记录一般包括哪几个部分？其中的会议基本信息主要包含哪些信息？
2. 阅读下面某校社团建设座谈会的会议记录并进行小组讨论，说说这份记录在内容及格式方面有哪些不妥之处。

会议记录

会议时间	2022年6月25日	地点	学术报告厅
会议名称	学校社团建设座谈会		
出席人	团委书记李青、学工处主任马原、各社团负责人及部分学生代表		
缺席人	无		
主持人	团委副书记徐萌		
记录人	学工处吴洁莹		
会议议题	1. 社团半年工作总结 2. 讨论新学期社团工作建设		
会议发言	1. 各社长发言，总结社团活动情况。 （1）茶艺社社长发言 （2）篮球社社长发言 （3）思辨社社长发言 （4）国学社社长发言 （5）书法社社长发言 2. 每个人就社团工作建设纷纷建言献策。 3. 学工处主任肯定了社团发展给校园注入了新活力，并对同学们提出了三点希望。		
重点决策	团委书记李青对座谈会进行了总结，并对下一步工作进行了部署。		
主持人签名	徐萌	记录人签名	吴洁莹

3. 以小组为单位，选择本班近期组织的一次主题班会，将其内容整理成一份格式规范、内容完整的会议记录，整理好后发送至班群，各小组相互学习、交流，共同提高写作会议记录的能力。

微拓展

党旗下的忠诚誓言
——武警第二机动总队某支队五中队100本支部会议记录本背后的故事

这是一本普普通通的会议记录本,里面记载着第六任中队指导员陈学德说过的一段话:"我们要把党支部会议记录本保存好,留给后来人。谈成绩,一代更比一代强;谈教训,前人脸上长了麻子,后人脸上就不会再生窝窝。"

像这样的支部会议记录本,在武警第二机动总队某支队五中队共有100本,其中最早的一本,可以追溯到1964年。普通的记录本,生动地反映了我党我军"支部建在连上"的伟大创举,清晰地记录了一个基层战斗堡垒的成长历程,也成了今天五中队一笔宝贵的财富。

"最早的支部会议记录本,是用毛边纸缝起来的土黄色记录本,最上方用繁体字写着'会议记录',正下方粘贴着贴纸'党支部会议记录本1964.12.30—1965.10.19'。"中队指导员缪斌每次讲解这段历史时,总不忘提及老指导员陈学德的殷切嘱托,这不仅是缪斌的工作信条,更是五中队所有官兵所肩负的历史重任。

一个支部就是一个坚强的"战斗堡垒"。走进中队荣誉室,一面面从战火硝烟年代传承至今的战旗、一块块写满光辉战绩的荣誉奖牌散发出一个先进集体的蓬勃活力。

战争年代,五中队靠的是党支部"战斗堡垒"作用和党团员先锋模范作用,在一次次战斗中百战百胜;和平年代,这种作用更加凸显。

一茬茬"百战百胜传人"形成一座座攻坚克敌的"战斗堡垒",托起中队新的辉煌:先后荣立集体一等功2次、集体二等功8次、集体三等功41次,荣膺"全军基层建设先进单位"、全军"先进基层党组织"等殊荣。

这些耀眼的历史,被党支部记录本不断收录,汇成经纬万端的"史记"——它承载的是这支部队的光荣与梦想,它印证的是一茬茬支部成员对党、对军队建设高度负责的事业心和责任感,它传承的是中队听党指挥、能打胜仗、作风优良的辉煌历史。

(选自中国新闻网)

任务 4 撰写实习报告

情境导入 >>>>

实习的日子像风一样转瞬而逝。高宇这两天正忙着整理实习材料，着手写作个人实习报告。

这天，高宇接到了同桌李宁的电话："高宇，你的实习报告写完了吗？"

"没，正构思呢。"高宇回答，"不过，应该不难写！主要是理顺实习内容，写出实习体会。对了，好久没见，今天下午我们一起吃饭吧。我把近期学习整理的情况和你交流下，咱俩争取都写出合格规范的实习报告，给岗位实习画一个完美的句号。"

高宇的热情让李宁觉得很温暖，他爽快地答应了高宇的邀约。出门前还将自己找到的参考例文塞进包里，准备与高宇一起交流。

例文借鉴 >>>>

幼儿保育专业实习报告

姓名	刘晓云	班级	2019级保育一班
实习目的	1. 了解当前幼儿保育教育新理念及相关政策法规。 2. 熟悉幼儿入园一日流程，理论联系实际，加深对幼儿园教育的理解。 3. 关爱幼儿，热爱幼教工作，增强事业心与责任感		
实习时间	2021年10月8日至2022年1月8日		
实习地点	清水市第三实验中学附属幼儿园		
园所简介	该园建于2009年，建筑面积9 561平方米，户外场地3 000平方米，幼儿人均活动面积30平米。园中环境优美，设施齐全，功能多样。设美术室、剪纸室、陶泥室、棋类室、书法室、探索室等专业教室；茶艺馆、小医院、小超市、娃娃家、小餐厅、体能馆、绘本馆等体验馆。目前开设有17个教学班，在园幼儿400余名。现有教职工107人，全部具有岗位资格证书		
实习内容	1. 保育工作 　　入园、喝水、进餐、午休、如厕、盥洗、学习、游戏、离园……幼儿在园内的每一个环节几乎都是保育工作内容。早上到园后，我会按要求进行消毒，包括玩具、图书、橱柜、餐具等。幼儿离园后，我会及时打扫卫生，消毒通风。我在工作时间注意观察幼儿表现，根据温度变化帮助幼儿及时添减衣物；引导幼儿有秩序地去喝水如厕；指导幼儿学会自己吃饭穿衣叠被；帮助幼儿养成饭前便后洗手、礼貌待人等良好习惯。 2. 听课见习 　　按照实习要求，我听了大中小班20多节课，并做了相关笔记。具体包括语言活动课《我的本领大》《小乌龟上幼儿园》，社会活动课《成长小相册》，数学活动课《谁的号码牌不见了》《快乐幼儿园》《比高矮》，音乐活动课《我上幼儿园》《小牙刷》，美术活动课《有趣的手印》等。通过听课，我熟悉了基本的教学流程，感悟到不同领域的课程有不同的特点，初步掌握了一些课堂教授的技巧。		

实习内容	3. 课堂教学 　　我的第一次试讲是语言活动课《拔萝卜》。上课前，指导老师曾提醒我：备课不仅要准备教学内容，更要根据幼儿年龄特点及认知水平准备教学策略及方法。我用了两天时间准备上课的教案和教具，自己认为准备比较充分了，但真正面对幼儿时，我还是感到有些紧张，刚开始还有点儿慌乱。准备了15分钟的教案，我只用了7分钟就讲完了。经过反思，原因在于我讲课时语速太快，且由于紧张只注重自我表达，没做到让幼儿多表达。语言课目的是发展幼儿语言，而我的这次授课忽视了启发引导，没有与幼儿进行有效互动。课后指导老师对我热情鼓励、耐心指导，使我增强了信心。
实习体会	在一次一次的实践中，我不断积累经验。在美术活动课《漂亮的纸杯花》中，我把示范与讲解有趣地融合到一起。先出示纸杯让幼儿自由说出纸杯可以用来干什么，然后给出成品让幼儿欣赏。这次教学我照顾到每个幼儿，引导他们大胆想象，勇敢尝试，他们也画出各种不同的纸杯花。这次授课我取得了很大的进步。同时，也激发了我钻研课堂教学技巧的兴趣。 　　4. 家园联系 　　《幼儿园教育指导纲要（试行）》指出："幼儿园应与家庭、社区密切配合，共同为幼儿创造一个良好的成长环境。"家园合作的重要性是不言而喻的。在实习期间，我注意观察我的指导教师与家长的交流和沟通。她会在每位家长接孩子离园时，简要交流一下幼儿当天的在园表现，让家长了解幼儿的进步变化；在幼儿第二天入园时，及时了解他们的在家表现，尤其是生理及服药方面的需求。我们还通过家长会、开放日等活动，引导家长了解掌握一些育儿知识，做到家校共育。 　　在全方位的实习过程中，我也发现了自己的一些不足：如专业技能方面，我的弹唱技能亟待提高；在课堂教学方面，教学语言达不到口语儿童化，缺乏趣味性和吸引力，表情动作等教态有时僵硬不自然；工作态度方面，有时缺乏耐心等。"知不足而奋进"，我会在今后的学习生活中，有针对性地练习提高，总结实践经验，不断提高自己的专业素养。 　　在老师、同事的指导与帮助下，我顺利完成了为期三个月的幼儿园岗位实习任务。在实践中，我切身体会到了保育老师工作的琐碎与辛苦，明白了幼儿的吃喝拉撒睡玩都是课程，树立了游戏教育理念，初步掌握了与幼儿沟通的方法和技巧。 　　我很佩服主班老师的带班能力。她说出的话，幼儿爱听；她发出的指令，幼儿积极执行。她既亲切又严肃，充满爱心，素质全面。而且，她与配班老师、保育老师配合非常默契，共同营造了和谐的班级氛围。她的一言一行，使我深刻理解了什么是"合作共赢"。 　　我们的带队老师说："幼儿是一张白纸，作为他们人生起步的老师，你起着至关重要的作用。"我感到自己责任重大，使命光荣。实习期间，我接受了新的教育理念，个人能力也得到了提升；但这远远不够，我一定戒骄戒躁，不断学习积累，并积极备战高考，通过进一步深造成为一名优秀的幼儿教师。

简析：

　　这是一位幼儿保育专业的学生撰写的实习报告，分别从实习目的、实习时间、实习地点、园所简介、实习内容、实习体会六个方面进行汇报。其中实习内容部分，又包括保育工作、听课见习、课堂教学、家园联系四个方面的具体汇报。实习体会部分，总结了实习中的收获，体会到了职业使命感，并表明继续考学深造的志向。这份实习报告梳理、总结实习过程中的收获与感悟，内容全面，条理清晰，语言顺畅。

知识链接 >>>>

实习报告是在实习结束后,全面回顾、梳理实习过程与实习中的感悟、收获,将总结、提炼的实习认知与经验用简练流畅的文字表达出来的书面材料。通过撰写实习报告可以提升综合素养、积累宝贵经验,对今后参加实际工作也有很大的帮助。实习报告的写法多种多样,形式不拘一格,大都包括标题、正文、落款等组成部分。

1. 标题 最简捷明了的写法是只标示文种名称"实习报告";稍具体一些的可以采用"内容(或地点)+文种"的形式,如"幼儿保育专业实习报告""星达机械厂实习报告";还可以采用"正题+副题"的形式,正题用一句话概括实习报告的主要观点或主要思想,副题标示实习内容、文种名称等,如正题"走进社会大课堂,勤于实践得真知",副题"××××公司实习报告"。上述三种都是较为常见的标题形式。

2. 正文 由于实习的专业不同、内容各异、过程多样,随之呈现的正文面貌也就各有差异。一般说来,实习报告的构成宜简不宜繁,通常包括以下几个方面:

(1)简介基本情况。简要说明实习单位、实习时间、实习岗位、实习目的等基本信息。可采用概述方式,也可分项列出。

(2)说明实习的完成情况。一般要比较详细地交代完成了哪些具体的实习任务,取得了哪些成绩,还存在哪些缺点、不足等。这是实习报告的重点内容,实习总结的目的就是要肯定成绩、找出缺点,因此要全面具体,交代清楚。

(3)说明实习的心得体会。主要结合实习过程中的具体事例说明自己有何收获,学到了哪些课堂上、学校里没接触过的知识和技能,积累了哪些实践经验。

(4)点出实习意义。用简洁的语言总结实习的积极意义,表明今后的努力方向。

3. 落款 实习报告一般要在正文的右下方署上实习者的姓名,姓名前标示个人的专业、班级等信息;在署名的下方写上写作实习报告的准确日期。

写作导引 >>>>

写作提示:

1. 广泛收集材料

收集的资料主要有专业知识在工作中的灵活运用,周围同事处理问题、解决矛盾的方式,实习单位的有关情况和岗位部门的职能等。

2. 找好写作角度

实习报告要根据个人的实际情况选择好报告的角度和内容,可全面记录实习情况,也可着重记录某一方面的具体情况。

3. 突出重点内容

实习报告不等于工作日记,不能事无巨细,必须对所做过的工作、实习中的所见所闻进行有目的的筛选,围绕报告的主旨,选取有针对性和表现力的材料,突出展现重点。

4. 语言简洁、通顺

撰写实习报告不能急于求成，更不能糊弄应付，要在初稿的基础上认真修改，锤炼语言。

写作模式参考：

幼儿保育专业实习报告

姓名	刘晓云	班级	2019级保育一班
实习目的	1. 了解当前幼儿保育教育新理念及相关政策法规。 2. 熟悉幼儿入园一日流程，理论联系实际，加深对幼儿园教育的理解。 3. 关爱幼儿，热爱幼教工作，增强事业心与责任感		
实习时间	2021年10月8日至2022年1月8日		
实习地点	清水市第三实验中学附属幼儿园		
园所简介	该园建于2009年，建筑面积9 561平方米，户外场地3 000平方米，幼儿人均活动面积30平米。园中环境优美，设施齐全，功能多样。……		
实习内容	1. 保育工作 　入园、喝水、进餐、午休、如厕、盥洗、学习、游戏、离园……幼儿在园内的每一个环节几乎都是保育工作内容。早上到岗后，我会按要求进行消毒，包括玩具、图书、橱柜、餐具等。幼儿离园后，我会及时打扫卫生，消毒通风。我在工作时间注意观察幼儿表现，根据温度变化帮助幼儿及时添减衣物；引导幼儿有秩序地去喝水如厕；指导幼儿学会自己吃饭穿衣叠被；帮助幼儿养成饭前便后洗手、礼貌待人等良好习惯。 2. 听课见习 　……		
实习体会	在一次一次的实践中，我不断积累经验。在美术活动课《漂亮的纸杯花》中，我把示范与讲解有趣地融合到一起。先出示纸杯让幼儿自由说出纸杯可以用来干什么，然后给出成品让幼儿欣赏。这次教学我照顾到每个幼儿，引导他们大胆想象，勇敢尝试，他们也画出各种不同的纸杯花。这次授课我取得了很大的进步。同时，也激发了我钻研课堂教学技巧的兴趣。 　……		

- 简介包括实习单位、时间、岗位、目的等内容
- 完成的具体任务，取得的成绩，还有的不足
- 总结经验与收获，感悟实习意义，明确努力方向

任务实施 >>>>

为了方便与李宁的交流，高宇列出了表格式的实习报告写作提纲。请你看一看这份提纲是否全面、可行，将自己的意见在小组内交流、讨论，并帮助高宇修改、完善写作提纲。

新媒体运营实习报告

学生		班级	
实习时间			
实习地点			
实习目的	根据学校的实习要求与工作实际来制定		
公司简介			
实习内容	概括实习的主要内容，谈谈取得的成绩，分析存在的不足		
实习小结	总结收获与经验，表决心展未来		

巩固练习 >>>>

1. 什么是实习报告？其常用标题写作形式有哪些？
2. 阅读下面这篇实习报告，分析一下作者在实习中的主要收获是什么，他有哪些好的经验做法值得我们学习和借鉴。

实习报告

实习是每一个中职生必须拥有的一段经历，它让我们在实践中了解社会，巩固知识，学到了很多在课堂上学不到的知识，既开阔了视野，又增长了见识。

一、实习目的

扩大社会接触面，丰富社会实践经验，增加对社会的全面了解；强化动手能力，培养吃苦耐劳的精神；了解各项规章管理制度，培养综合运用知识解决实际问题的能力，锻炼承受挫折的心理素质，逐渐完成从校园到职场的过渡。

二、实习岗位

物流客服、物流跟单员

三、实习时间

2022年3月3日—7月1日

四、实习地点

日达物流公司

五、实习内容

1. 客户日常的查询、咨询、货物跟踪等需求的支持。
2. 接客户订单，安排订车、调车、调货。
3. 对客户订单信息进行记录和回复，妥善处理客户投诉，解决售后问题。
4. 与财务沟通，确定客户定金到账后向生产处下发订单，在订单生产过程中进行进度跟踪，确认出货日期。
5. 货物生产完成后，安排仓库备货、验货、装车以及运输等事宜。
6. 负责每日销售清单的录入，制作成日报表提交给上级。

六、实习收获

1. 加强理论学习。物流跟单员这一岗位需要有扎实的理论专业知识，在工作中，我有很多不懂的地方，有的是因为理论知识掌握不扎实，有的是因为理论与实践略有差别。所以必须要虚心请教，充实专业知识，提高专业技能。

2. 勇于展示自己。工作与学习不同的点在于，工作中的竞争无时无刻不存在。网络流传的应聘者捡了地面的垃圾被录取，让很多人质疑炒作。但是工作中却真的不乏这样的细小优势而带来的"意外之喜"。养成良好的习惯，发挥并且保持自身优势将其做到极致，这便是工作中的晋级法宝。我们学生时代讲究全面发展，最好各方面都能做到优秀，但是在工作中却恰恰相反，我们要让领导看到自己最好的一面，最有价值的一面，最有竞争力的一面。努力提升展现自我并不是炫技，而是在向他人证明我能够完成这件事，我可以胜任这份工作。摆脱理解误区，在生活中大胆展示。

　　3. 加强团队协作。学习与工作不同，学习中我们的排名和成绩都是以个人为单位，名列前茅者有获得奖学金和荣誉的机会。而工作中注重以团队为单位，绩效考核直接与团队项目成果挂钩。这就要求我们正确处理好团队关系，合理进行团队分工，以达到理想效果。

　　4. 时刻牢记把握细节。初入职场，我们总是会扬扬得意，觉得自己可以表现得像在学校一样优秀。正是由于这种心理作怪，我们总是会忽略掉身边的一些小事，觉得这个不做没事，那个不做也没事。当问题积少成多时却发现为时已晚，我们要从踏入职场的那一刻，就告诫自己做好身边的每一件事，把握好细节才能做到滴水不漏。

　　七、实习反思

　　1. 欠缺对理论学习的主动性。由于平时工作较多，产生了"学不学不是很重要，做好工作才重要"的以干代学思想。

　　2. 没有开创进取的精神。对于自己做的工作，总是用老眼光分析问题，没有开拓创新意识，安于现状，不思变革。

　　3. 学习劲头不足。事到临头"抱佛脚"，今天学点，明天学点，样样都不精。

　　4. 工作方面。对待工作不够主动，只满足于完成领导交给的任务。

　　作为踏入社会前的一次"练兵"，这次实习让我五味杂陈，对未来又担忧又期待。担忧是怕真正步入职场的生活不像实习那么顺利，期待是刚刚毕业的我对外面的世界充满好奇。这几个月的实习让我懂得了很多做人与做事的道理，感到了自己肩上的重任，看清了人生方向。走向社会，人际关系有时的确比工作能力重要，在工作中把优秀的同事都当作良师益友，才有可能在工作中收获更多。

　　岗位实习结束了，真正的职业生涯即将拉开帷幕，我要以职场人的身份严格要求自己，力争做一名优秀的员工。

2020级商贸二班　王然
2022年7月6日

　　3. 搜集本专业或相近专业的实习报告案例，分析、比较它们在内容与形式方面的特点，小组内交流实习报告的写作要素及要求。

<<<< 微拓展 >>>>

　　专业实习，不仅能够提高岗位认知，锻炼必备的专业技能，还可以积累社会经验，提升综合职业素养。为全面评估学生的实习表现，有的实习报告中会附有学校与企业共同出具的实习成绩鉴定表。下表即为一种样例，可供参考。

实习成绩鉴定表

基本信息	姓　名		性别		实习岗位	
	专　业		班级		联系电话	
	实习单位					
	实习时间	年　月　日　至　　年　月　日				

实习单位鉴定意见	工作态度	是否服从管理，工作认真严谨	0~10分
	工作能力	岗位适应情况，技能掌握情况	0~20分
	工作纪律	是否遵纪守时，操作规范合序	0~10分
	合作精神	是否密切配合，团结协作	0~10分
	实习指导（或管理）人签名：		
	实习单位（盖章）		
	年　月　日　　　　　　　　　　　年　月　日		

学校实习指导教师鉴定意见	实习综合表现（包括考勤、是否服从管理及主动与老师联系等日常表现）	0~35分
	实习日志情况（包括记录要点突出、真实反映实习过程、及时上交等情况）	0~5分
	实习报告情况（包括内容填写完整、规范，上交及时等情况）	0~10分
	指导教师签名：　　　　　　　　　　　　年　月　日	

鉴定结果	总评成绩（以上两项成绩之和）		
	鉴定等级（优≥90分，良≥80分，合格≥70分，不合格70分以下）		（学校盖章）　　年　月　日

项目六　学习评价

自我评价表

学习文种	评价要素	评价等级			
		优秀（五星）	良好（四星）	一般（三星）	待努力（三星以下）
实习协议	1. 理解实习协议的作用与签订要求。 2. 掌握实习协议的构成要素，能读懂各方权利与义务的基本含义。 3. 能正确修改实习协议中不合适的条目	☆☆☆☆☆			
实习日志	1. 掌握实习日志的基本写作要求。 2. 能写语句通顺、内容真实的实习日志	☆☆☆☆☆			
会议记录	1. 掌握会议记录的基本格式及写作要求。 2. 能正确修改会议记录的常见错误。 3. 能快速客观地记录会议内容	☆☆☆☆☆			
实习报告	1. 掌握实习报告的写作格式。 2. 能正确修改一般实习报告的常见错误。 3. 能正确规范地写作实习报告	☆☆☆☆☆			
项目学习整体评价	☆☆☆☆☆ （优秀：五星\良好：四星\一般：三星\待努力：三星以下）				

魅力职场篇

项目七 初入职场试牛刀

推开职场的大门，将开启一段重要的人生旅程；找到合适的工作岗位，便是选定了一个前行的方向。初入职场的新兵，难免遇到种种挑战；只要勇于面对，砥砺前行，定能收获幸福满满的人生。让我们追随着中职毕业生高宇的脚步，看他如何把握机会，求职应聘成功并签下劳动合同，又是如何小试牛刀，通过设计调查问卷、写出有创意的广告而立足岗位的。

学习目标

素质提升

1. 主动了解所学专业及行业的发展态势，积极培养乐观自信、爱岗敬业的职业信念与道德品质。
2. 逐步树立勇于创新创业的职业意识，明确职业发展初级阶段的奋斗目标。

必备知识与关键能力

1. 掌握求职简历的格式特点及写作要求，能制作格式规范、内容得体的求职简历。
2. 了解劳动合同的构成要素，能辨析劳动合同各条目的含义，主动维护自身合法权益。
3. 掌握调查问卷的常见种类及写作要求，能设计简单的调查问卷。
4. 了解广告文案的种类和特征，能写作简单的广告文案。

任务 1　制作求职简历（附：写自荐信）

情境导入 >>>>

初春的一个夜晚，中职毕业生高宇坐在电脑前，神情专注地浏览着某公司网站的招聘信息。他正在寻找一份专业对口的工作。听说学姐所在的公司——一个很有发展前景的新媒体运营公司正在招聘员工，他赶紧联系学姐，还写了求职简历让学姐给把把关。眼下，他正急切地等候回音。

"叮咚"一下，来微信了，高宇急忙点开，正是学姐。

"高宇，你的简历格式上没问题，就是内容太简单，你得突出你的亮点。如果这样就寄给我们公司，说实话，面试的机会不大。"

高宇心里一紧："为什么？专业不挺对口的吗？再说你们公司不是说要年轻点儿的吗？"

"专业是对口，可是你写得针对性不强，没结合招聘岗位要求来写。建议你登录公司网站，再了解了解具体情况，根据岗位需求好好修改一下。"

"岗位需求……"反复念叨了几遍，高宇猛然拍了拍脑瓜，"明白了，学姐，咱就'对症下药'！我再找点儿参考资料。"

他运指如飞，"多谢学姐！"学姐当即回了一个"笑脸"。

例文借鉴 >>>>

求职简历

简析：

这是一份针对饭店招聘岗位而写的求职简历。简历采取两栏并列的方式，左栏简要说明求职者的求职意向、个人信息和联系方式，并附了照片；右栏重点介绍自己的教育背景、实践经历、所获荣誉、技能证书以及自我评价，表明自己能够胜任招聘岗位的工作。这份求职简历针对求职岗位清晰地列出了个人具备的能力与经验，态度认真，内容简明，便于招聘方迅速了解求职者的大体情况与求职意愿。

自荐信

尊敬的李经理：

您好！

非常感谢您在忙碌的工作中抽时间看我的求职材料。我叫齐晨，是南山市商业学校市场营销专业的一名学生，今年7月即将毕业。我怀着一颗赤诚的心，真诚地推荐自己。

在校期间，我系统学习了有关市场营销专业的理论与实践知识，并且以社会对人才的需求为向导，努力使自己向复合型人才方向发展。我学习刻苦，成绩优异，先后3次获一等奖学金，积极参加学校组织的培训及见习，并顺利拿到了数字营销"1+X"中级证书。在课余时间，我努力学习计算机知识，能熟练使用网络。另外，我先后担任班级的宣传委员、校学生会宣传部部长等职务，具有一定的组织协调能力和独立工作能力，并且能脚踏实地努力办好每一件事。我本人也被评为"优秀学生干部"。

我深知，学好专业是一回事，而做到学以致用又是另一回事。因此，我非常注重实践能力的培养，充分利用节假日参加社会实践，从而增强自己的各项能力。这些经历培养了我认真细致的做事习惯，提高了与人沟通交流的能力。通过不断学习，我逐渐变得成熟稳重，具备了良好的分析处理问题的能力、坚毅的品质和强烈的责任心。我坚信"天生我材必有用"，付出总会有回报。

如有机会与您面谈，我将十分感谢。希望您能予以考虑，热切期盼着您的回音。谢谢您在百忙之中所给予我的关注，愿贵公司兴旺发达、蒸蒸日上，祝您的事业百尺竿头，更进一步！

此致

敬礼

求职人：齐晨
2022年6月27日

附：个人简历（略）

简析：

这份自荐信开头先说明个人情况及求职态度，接着分别从个人专业知识、实践能力到社会实践能力进行介绍，结尾礼貌而又诚挚地提出个人的求职意愿。格式规范，语言简明，会给用人单位留下一个诚实、自信的年轻人的印象，易被对方认可。

知识链接 >>>>

一、求职简历

求职简历是求职者简要介绍自己的个人信息以及与求职岗位相关的素质、能力、工作经验等情况，表达求职意愿的一种应用写作文体。该种文体具有真实性、针对性、简要性等特点。求职简历大多采用表格的方式，一般包括标题和正文两个部分。

1. **标题** 一般有"求职简历""个人简历"或"×××（姓名）简历"等写法。

2. **正文** 主要包括以下内容，表达顺序可根据实际需要灵活调整。

基本信息包括姓名、性别、出生年月、民族、政治面貌、学历、所学专业、毕业院校等，并根据需要在相应表格内附上求职者的相片。

教育背景即求职者接受教育的情况，一般填写从高中阶段至所获最高学历的就读学校、起止年月、所学专业等。

工作经历或者实践经验写清楚曾经从事的工作单位及具体岗位，或者是专业实习时参与社会实践的情况。

能力、特长及技能证书介绍求职者的岗位能力、个人特长等情况，提供本人的专业技能等级证书。

获奖情况列出求职者的重要获奖项目、奖励等级或名次，与求职岗位相关的获奖情况要放在突出醒目的位置。

求职意向表明求职者对哪些具体工作岗位（职位）感兴趣、有意向。

自我评价简要介绍求职者的性格特点、兴趣爱好、思想品质及适应能力等，向招聘方展示自己的优势。

联系方式包括电话号码、微信、电子邮箱、详细通信地址（含邮政编码）等。

二、自荐信

自荐信是求职者向用人单位自我推荐、谋求职位的书信。除了向已公开招聘职位的用人单位发出自荐信，也可以向没有招聘计划的用人单位投递，毛遂自荐。自荐信一般包括标题、称谓、正文、结尾、落款和附件六个部分。

1. **标题** 通常用较大的字体在页面正上方的中央位置标注"自荐信"三字。

2. **称谓** 称谓一般写用人单位的全称或规范性的简称。如果是写给单位的人力资源部门领导，则用"尊敬的×××（职务）"等称谓。

3. **正文** 正文部分是自荐信的主体，包括说明求职岗位、个人基本情况、知识水平与工作能力等事项。重点应放在与岗位（职位）有关的专业技能、实践经验、所获成绩等方面的介绍上，以充分表明个人能胜任此项工作，让用人单位看后对求职者产生兴趣。也可以简要介绍一下自己的特长和性格，但要适当，不能喧宾夺主。

4. **结尾** 一般表达两方面的意思：一是希望能被聘用或对方能及时答复，如"希望能为贵公司效力"或"盼望您的答复"之类的语言；二是表示敬意和祝福之类的语句，如"顺祝愉快""祝贵公司事业蒸蒸日上"等，也可以用"此致"之类的通用词。

5. **落款** 位于正文的右下方，包括署名、日期。

6. **附件** 在落款下方说明附带的材料，如个人简历，各种证书的复印件以及联系方式等。

写作导引 >>>>

写作提示：

1. 客观真实，突出亮点。

实事求是地说明自己的优长，切忌夸大事实、弄虚作假。

2. 目标明确，有针对性。

要结合求职岗位介绍自身的条件和能力，避免堆砌无关紧要的内容。

3. 语言简练，信息准确。

语言要简洁凝练、条理清楚，前后语句的排列能体现出恰当的逻辑顺序。联系方式等信息务必做到准确无误。

写作模式参考：

求职简历

照片及姓名

教育背景 Education

2019.9-2022.7　滨江市旅游学校　酒店管理专业
主修课程：酒店管理概论、前厅接待服务、客房管理、餐饮管理、酒店营销、应用写作、公关礼仪、社会心理学、常用办公软件、专业英语

学历与专业

李 盼
求职意向：前厅接待

求职意向

实践经历 Experience

希望大酒店　2021.9-2022.2
岗位：前厅接待
1. 负责前厅运营，为顾客提供优质服务。
2. 关注房间预订情况，及时更新系统相关信息，准备财务报表。
3. 与顾客和其他员工有效沟通，及时传达相关信息。
4. 及时有效地处理顾客的意见，回访客人，确保顾客对解决方法满意。

实习经历

个人信息

年龄：20 岁
现居：滨江市
政治面貌：团员
学历：中职

学校青年志愿者协会　2020.9-2021.06
岗位：部长
1. 组织各班志愿者到社区宣传垃圾分类知识，去社区敬老院慰问演出。
2. 协助学校学生会举办校园文化艺术节，爱我中华诗词朗诵大赛等。

社团活动

荣誉奖励 Award

2020 年获学校奖学金　　　　　2020 年任班长一职
2021 年获市级三好学生称号　　2021 年获校级技能比赛一等奖
2022 年获校级技能大赛二等奖

获奖情况

联系方式

lipanXX
180 ×××× 6789
lipan@×××.com

技能证书 Skills Certificate

全国计算机等级考试二级证书
1+X 餐饮服务管理（中级）职业技能等级证书

技能证书

自我评价 About Me

本人性格开朗，热情大方，具有良好的口语表达能力，善于与人交往。在校期间，担任班级团支书，具备一定的组织管理能力。做事认真细致，责任心强，有团队意识。

自我评价

任务实施 >>>>

根据以下材料帮高宇（他已具备招聘岗位所要求的各方面条件）写一份求职简历，公司、学校、日期等相关信息可虚拟。

高宇准备应聘一家新媒体营销策划公司的营销策划与推广工作岗位，其主要职责是负责短视频账号的整体策划、内容选题、发布投放、直播策划等运营管理以及日常数据的维护与行业动向的监测。岗位任职要求：①熟悉新媒体传播平台的运营规则，对热点信息敏感；②具有较强的文案功底；③有较强的责任心和良好的团队合作意识；④积极主动，乐于沟通，抗压能力强；⑤有新媒体营销工作经验优先。

巩固练习 >>>>

1．求职简历一般具有_____、_____、_____等特点。

2．阅读下面某学校一位毕业生写的自荐信，找出其在内容和格式上存在的问题，并加以改正。

尊敬的海州商业公司领导：

　　您好！很抱歉耽误您的宝贵时间，还望见谅！我是海州市财经学校会计事务专业的一名应届毕业生，很荣幸有机会向您呈上我的个人资料，在投身社会之际，为了找到符合自己专业和兴趣的工作，更好地发挥所长，谨向公司领导做自我推荐，相信我一定是贵公司需要的人才。

　　中职三年，我在自己的专业领域收获异常丰富，成绩异常显著。在校期间我学习了基础会计、统计基础、财务会计、成本会计、财务管理等一系列的专业课程。通过三年的学习，我具备了扎实的理论知识基础和很强的动手实践能力。但我知道只掌握在校期间学习的知识是不够的，真正要把会计学精学透很难。会计知识更新得很快，尤其是近年来我国一直在和国际接轨，会计的变化很大，所以，我会坚守不断学习的理念，经常上网下载一些新的知识，与时俱进。虽然有些地方我还不是很熟练，但我会利用在贵公司工作的机会，不断学习，不断提高自己的业务水平，慢慢成为一个出色的会计。

　　通过社会实践，我清楚地认识到，过去的并不代表未来，勤奋才是真，我有很多东西需要学习，走上工作岗位后，我会严格要求自己，踏踏实实做好本职工作，在实践中得到锻炼和提高。我非常仰慕贵公司，殷切期望能够在您的领导下，为贵公司的事业添砖加瓦，我会尽力为贵公司付出我的一份赤诚的力量，真心希望贵公司能给我一个展现才华的平台！请公司领导尽快给我答复。

此致

　　敬礼！

　　　　求职人：王天明

3．了解与自己所学专业联系密切的行业或单位的相关信息，从中选择一家比较理想的就业单位，结合具体的工作岗位写一份个人求职简历。

微拓展

简历制作中的常见误区

误区①——错字连篇

求职者在写完简历后，一定要认真检查，千万不可以有错别字。一个简历上错别字连篇的求职者，其工作态度想必也是不敢恭维的。

误区②——缺乏事实和数字支持

简历在制作的过程中时时刻刻都要以"为雇主带来的价值"为线索，可以通过量化过去实践中的成果来强调自身价值。一定要让HR明白你的价值所在，切忌用笼统的语言描述自己的成绩，要做到思路清晰、重点突出、论据充分。

误区③——言过其实、水分过多

简历的真实可以反映出一个人的诚信品质，这往往是HR对于求职者的基本要求。简历内容可以扬长避短并加以润色，但是坚决不要言过其实。

误区④——无针对性，用相同简历应聘不同岗位

简历需要有针对性。不同的公司或岗位需要不同的简历来应对，也需要有针对某特定公司与岗位的文字。而这个针对性有两层含义：首先简历要针对你所应聘的公司和职位；其次是你的简历要针对你自己，写出自己的优势和亮点。

误区⑤——混乱的排版

简历一定要排版，各小标题字体、字号要一样，对齐也是不可少的。句子中不要有断行，更不要把简历排得花里胡哨，关键在于内容，简洁明了才是招聘官想看的。

任务 2　读懂劳动合同

情境导入 >>>>

"学姐,学姐,"高宇对着手机大声说道,"我面试通过了!"

"是吗,那太好了!恭喜你啊,总算没辜负这段时间找工作的辛劳。"学姐又深有感触地说,"机会难得,能被录用证明你还是有实力的。不过,别太招摇啊。"

"我是那种人吗?谦虚谨慎是我的本性,低调做人是我的原则……"

"行了,别得意了,"学姐笑着打断他,"人力资源部说没说试用期和签劳动合同的事?"

"提醒我了,有试用期,不过劳动合同有哪些内容,我还不清楚。"高宇挠了挠头。

"哎——这个可很重要,"学姐提醒道,"劳动合同是以契约的形式规定劳动者和用人单位的权利和义务,是你得到合法权益的有力保障……"

高宇在学姐的提醒下也回忆起,在一次《民法典》知识讲座上老师曾讲过有关劳动合同的事例,个别单位故意设置文字陷阱,侵害应聘者的合法权益。想到这里,高宇决定找一份劳动合同研究研究,看看自己应该享有哪些权利;签了劳动合同,又该履行哪些义务。

例文借鉴 >>>>

劳 动 合 同

（通用）

甲方（用人单位）：＿＿＿＿＿＿＿＿＿＿＿
乙方（劳动者）：＿＿＿＿＿＿＿＿＿＿＿＿
签 订 日 期：＿＿＿＿年＿＿月＿＿日

注 意 事 项

一、本合同文本供用人单位与建立劳动关系的劳动者签订劳动合同时使用。

二、用人单位应当与招用的劳动者自用工之日起一个月内依法订立书面劳动合同,并就劳动合同的内容协商一致。

三、用人单位应当如实告知劳动者工作内容、工作条件、工作地点、职业危害、安全生产状况、劳动报酬以及劳动者要求了解的其他情况;用人单位有权了解劳动者与劳动合同直接相关的基本情况,劳动者应当如实说明。

四、依法签订的劳动合同具有法律效力,双方应按照劳动合同的约定全面履行各自的义务。

五、劳动合同应使用蓝、黑钢笔或签字笔填写,字迹清楚,文字简练、准确,不得涂改,确需涂改的,双方应在涂改处签字或盖章确认。

六、签订劳动合同,用人单位应加盖公章,法定代表人(主要负责人)或委托代理人签字或盖章;劳动者应本人签字,不得由他人代签。劳动合同由双方各执一份,交劳动者的不得由用人单位代为保管。

甲方（用人单位）：_____
统一社会信用代码：_____
法定代表人（主要负责人）或委托代理人：_____
注 册 地：_____
经 营 地：_____
联系电话：_____

乙方（劳动者）：_____
居民身份证号码：_____
（或其他有效证件名称_____证件号：_____）
户籍地址：_____
经常居住地（通讯地址）：_____
联系电话：_____

根据《中华人民共和国劳动法》《中华人民共和国劳动合同法》等法律法规政策规定，甲乙双方遵循合法、公平、平等自愿、协商一致、诚实信用的原则订立本合同。

一、劳动合同期限

第一条 甲乙双方自用工之日起建立劳动关系，双方约定按下列第____种方式确定劳动合同期限：

1. 固定期限：自____年____月____日起至____年____月____日止，其中，试用期从用工之日起至____年____月____日止。

2. 无固定期限：自____年____月____日起至依法解除、终止劳动合同时止，其中，试用期从用工之日起至____年____月____日止。

3. 以完成一定工作任务为期限：自____年____月____日起至工作任务完成时止。甲方应当以书面形式通知乙方工作任务完成。

二、工作内容和工作地点

第二条 乙方工作岗位是_____，岗位职责为_____。
乙方的工作地点为_____。

乙方应爱岗敬业、诚实守信，保守甲方商业秘密，遵守甲方依法制定的劳动规章制度，认真履行岗位职责，按时保质完成工作任务。乙方违反劳动纪律，甲方可依据依法制定的劳动规章制度给予相应处理。

三、工作时间和休息休假

第三条 根据乙方工作岗位的特点，甲方安排乙方执行以下第____种工时制度：

1. 标准工时工作制。每日工作时间不超过8小时，每周工作时间不超过40小时。由于生产经营需要，经依法协商后可以延长工作时间，一般每日不得超过1小时，特殊原因每日不得超过3小时，每月不得超过36小时。甲方不得强迫或者变相强迫乙方加班加点。

2. 依法实行以_____为周期的综合计算工时工作制。综合计算周期内的总实际工作时间不应超过总法定标准工作时间。甲方应采取适当方式保障乙方的休息休假权利。

3. 依法实行不定时工作制。甲方应采取适当方式保障乙方的休息休假权利。

第四条 甲方安排乙方加班的，应依法安排补休或支付加班工资。

第五条 乙方依法享有法定节假日、带薪年休假、婚丧假、产假等假期。

四、劳动报酬

第六条 甲方采用以下第____种方式向乙方以货币形式支付工资，于每月____日前足额支付：

1. 月工资_____元。

2. 计件工资。计件单价为_____，甲方应合理制定劳动定额，保证乙方在提供正常劳动情况下，获得合理的劳动报酬。

3. 基本工资和绩效工资相结合的工资分配办法，乙方月基本工资____元，绩效工资计发办法为_____。

4. 双方约定的其他方式_____。

第七条 乙方在试用期期间的工资计发标准为_____或_____元。

第八条 甲方应合理调整乙方的工资待遇。乙方从甲方获得的工资依法承担的个人所得税由甲方从其工资中代扣代缴。

五、社会保险和福利待遇

第九条 甲乙双方依法参加社会保险，甲方为乙方办理有关社会保险手续，并承担相应社会保险义务，乙方应当缴纳的社会保险费由甲方从乙方的工资中代扣代缴。

第十条 甲方依法执行国家有关福利待遇的规定。

第十一条 乙方因工负伤或患职业病的待遇按国家有关规定执行。乙方患病或非因工负伤的，有关待遇按国家有关规定和甲方依法制定的有关规章制度执行。

六、职业培训和劳动保护

第十二条 甲方应对乙方进行工作岗位所必需的培训，乙方应主动学习，积极参加甲方组织的培训，提高职业技能。

第十三条 甲方应当严格执行劳动安全卫生相关法律法规规定，落实国家关于女职工、未成年工的特殊保护规定，建立健全劳动安全卫生制度，对乙方进行劳动安全卫生教育和操作规程培训，为乙方提供必要的安全防护设施和劳动保护用品，努力改善劳动条件，减少职业危害。乙方从事接触职业病危害作业的，甲方应依法告知乙方工作过程中可能产生的职业病危害及其后果，提供职业病防护措施，在乙方上岗前、在岗期间和离岗时对乙方进行职业健康检查。

第十四条 乙方应当严格遵守安全操作规程，不违章作业，乙方对甲方管理人员违章指挥、强令冒险作业，有权拒绝执行。

七、劳动合同的变更、解除、终止

第十五条 甲乙双方应当依法变更劳动合同，并采取书面形式。

第十六条 甲乙双方解除或终止本合同，应当按照法律法规规定执行。

第十七条 甲乙双方解除终止本合同，乙方应当配合甲方办理工作交接手续。甲方依法应向乙方支付经济补偿的，在办结工作交接时支付。

第十八条 甲方应当在解除或者终止本合同时，为乙方出具解除或者终止劳动合同的证明，并在十五日内为乙方办理档案和社会保险关系转移手续。

八、双方约定事项

第十九条 乙方工作涉及甲方商业秘密和与知识产权相关的保密事项的，甲方可以与乙方依法协商约定保守商业秘密或竞业限制的事项，并签订保守商业秘密协议或竞业限制协议。

第二十条 甲方出资对乙方进行专业技术培训，要求与乙方约定服务期的，应当征得乙方同意，并签订协议，明确双方权利义务。

第二十一条 双方约定的其它事项：_____
_____

九、劳动争议处理

第二十二条 甲乙双方因本合同发生劳动争议时，可以按照法律法规的规定，进行协商、申请调解或仲裁。对仲裁裁决不服的，可以依法向有管辖权的人民法院提起诉讼。

十、其他

第二十三条 本合同中记载的乙方联系电话、通讯地址为劳动合同期内通知相关事项和送达书面文书的联系方式、送达地址。如发生变化，乙方应当及时告知甲方。

第二十四条 双方确认：均已详细阅读并理解本合同内容，清楚各自的权利、义务。本合同未尽事宜，按照有关法律法规和政策规定执行。

第二十五条 本合同双方各执一份，自双方签字（盖章）之日起生效，双方应严格遵照执行。

甲方（盖章）　　　　　　　　乙方（签字）
法定代表人（主要负责人）
或委托代理人（签字或盖章）
　年　月　日　　　　　　　　　年　月　日

简析:

这是一份通用的劳动合同示范文本,按劳动合同涉及的内容分项设计,供用人单位和职工根据达成协议的内容直接填写。这份劳动合同的前面有注意事项提醒,规定了订立合同的原则、填写合同的要求等。主体内容包括劳动合同不可或缺的合同期限、工作内容、工作时间、工资待遇、劳动保护和劳动条件、社会保险和福利待遇、劳动纪律、合同的变更、合同的解除、违约责任及争议处理方式等条款。尾部对合同的未尽事宜、合同附件等做了相应的说明。此劳动合同符合国家的法律法规,能兼顾双方的职责和权利,内容合理周密,条款明确具体,格式规范完整,值得借鉴。

知识链接 >>>>

劳动合同是劳动者与用人单位之间确立劳动关系,明确双方权利和义务的协议。劳动合同具有法律约束力,保护双方的合法权益。劳动合同必须具备以下条款:

1. **用人单位信息** 包括用人单位的名称、地址和法定代表人或者主要负责人。
2. **劳动者信息** 包括劳动者的姓名、住址和居民身份证号码或者其他有效证件号码。
3. **劳动合同期限** 劳动合同期限有三种:固定期限、无固定期限和以完成一定工作任务为期限。合同期限不明确则无法确定合同何时终止,如何给付劳动报酬、经济补偿等,极易引发争议。
4. **工作内容和工作地点** 劳动合同中的工作内容条款应当规定得明确具体,便于遵照执行。工作地点是劳动合同的履行地,劳动者有权在与用人单位建立劳动关系时知悉自己的工作地点。
5. **工作时间和休息休假** 工作时间包括工作时间的长短和方式,如是8小时工作制还是6小时工作制,是日班还是夜班,是正常工时还是实行不定时工作制等。
6. **劳动报酬** 劳动报酬是劳动合同中必不可少的内容,主要包括工资标准、支付办法等。劳动合同应在双方遵循合法、公平、平等自愿、协商一致、诚实信用的原则下订立。经双方签字或盖章后,合同即生效,也就意味着劳动者成为用人单位的成员,要接受用人单位的管理,从事用人单位安排的工作,从用人单位领取报酬和受劳动保护。

写作导引 >>>>

写作提示:

(1)必须明确工作内容,如果没有约定工作内容或约定得不明确,用人单位有可能随意调整工作岗位,造成劳动关系极不稳定。

(2)必须细化劳动报酬,除工资标准、支付办法等内容外,尽可能将加班工资标准、工资调整办法、试用期及病事假等期间的工资待遇等都予以明确。

（3）要有劳动保护、劳动条件和职业危害防护方面的约定，应写清防止安全事故的措施；用人单位对工作过程中可能产生的职业病危害及其后果、职业病防护措施和待遇等要如实告知，并在劳动合同中写明。

（4）劳动合同内容必须合法、合理，关系到被聘用者（乙方）的报酬、福利和劳保等关键条款不能遗漏。

（5）条款内容不使用"基本上""可能""大概"一类的模糊词语，表述应清晰、简明、周密、准确。应使用规范汉字，薪酬等数字必须大写。

写作模式参考：

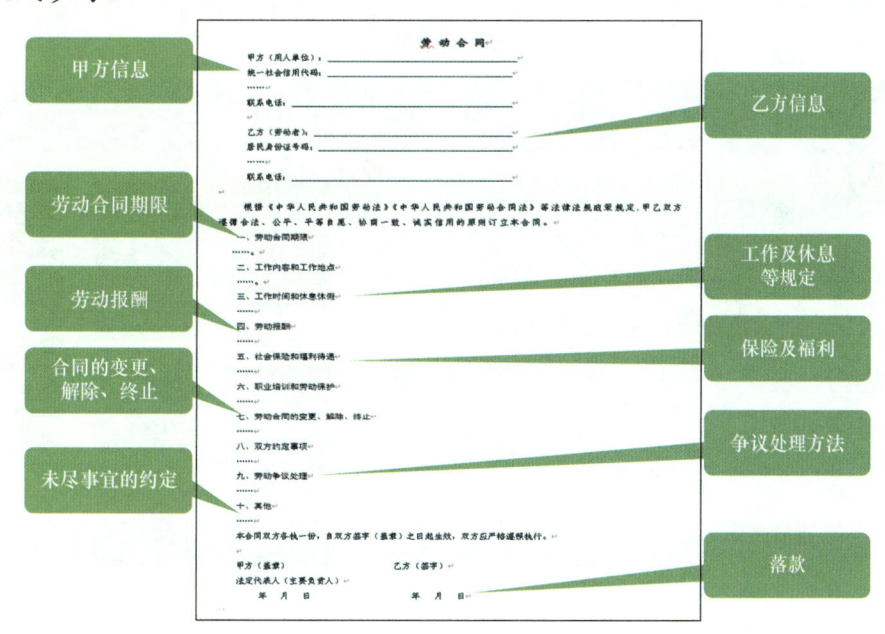

（劳动合同模板示意图，标注：甲方信息、乙方信息、劳动合同期限、工作及休息等规定、劳动报酬、保险及福利、合同的变更、解除、终止、争议处理方法、未尽事宜的约定、落款）

任务实施 >>>>

仔细阅读例文中的劳动合同，帮助高宇分析一下，作为合同中的乙方，他所享有的权利和应尽的义务各自包括哪些内容。

巩固练习 >>>>

1. 劳动合同是_____与_____之间确立劳动关系，明确双方权利和义务的协议。劳动合同的订立须遵循_____、_____、_____、_____、_____等原则。

2. 中职毕业生小刘正准备和某假日酒店签订劳动合同。分析下面摘自该合同中的条款内容是否合适，如有不妥之处，请代他修改一下。

＊甲方安排乙方平均每周工作40小时。岗位、班次需服从甲方安排。如因工作需

要，安排乙方加班的，将按规定予以补休或发放加班费。

＊甲方按每月 2 000 元标准支付工资，每月月底结算当月（结算期限为上月 21 日至当月 20 日）。

＊乙方违反甲方管理规定，甲方有权让乙方终止合同，限期离店。

3. 借阅父母或亲朋好友签订的劳动合同，比较、分析这些劳动合同的具体内容有哪些优点和不足，提高自己解读劳动合同的能力和维权意识。

<<<< **微拓展** >>>>

合同中的陷阱

劳动合同中的试用期 @人民日报

试用期时长

劳动合同期限三个月以上不满一年的，试用期不得超过一个月；

劳动合同期限一年以上不满三年的，试用期不得超过二个月；

三年以上固定期限和无固定期限的劳动合同，试用期不得超过六个月。

注意：

同一用人单位与同一劳动者只能约定一次试用期。

以完成一定工作任务为期限的劳动合同或者劳动合同期限不满三个月的，不得约定试用期。

试用期工资

不得低于本单位相同岗位最低档工资或者劳动合同约定工资的百分之八十，并不得低于用人单位所在地的最低工资标准。

注意！这些合同不要签！ @人民日报

口头合同：没有签署书面合同文件。

抵押合同：要求缴纳证件或财物。

简单合同：条文没有细节约束。

双面合同：一份合法的"假"合同，一份不合法的"真"合同。

生死合同：含有"工伤概不负责"等字眼。

霸王合同：合同只从单位角度出发，求职者处于被动地位。

"暗箱"合同：不向求职者讲明合同内容。

"卖身"合同：要求几年内求职者不可跳槽至同行业公司工作。

签约常见问题及解答 @人民日报

1. 报到时，单位拒绝接收怎么办？

主动向单位说明情况，并及时联系学校分清责任，按规定办理。

2. 无固定期限劳动合同等于"铁饭碗"吗？

无固定期限并非终身合同，在遇到法定事由的情况下，也可以提前解除。如用人单位的客观情况发生变化无法与员工继续履行合同，劳动者严重失职、对用人单位利益造成重大损害等，另外，劳动者与用人单位也可以约定在固定期限内双方终止劳动合同的条件，当条件成立时，也可以解除劳动合同。

3. 微信签订的劳动合同合法吗？

《合同法》第十一条规定："书面形式是指合同书、信件和数据电文（包括电报、电传、传真、电子数据交换和电子邮件）等可以有形地表现所载内容的形式。"

微信上签署合同，按说也在数据电文的范畴内。只不过，想要签订一份合法的电子合同，除了形式上是"电子化"的，法律同时还规定了2个条件：必须有实名认证和可靠的电子签章。

注意！这些套路要提防！ @人民日报

1. 培训圈钱

招聘公司打着招聘名号，以培训结束保证工作的承诺"忽悠"学生加入贷款培训。

2. 招聘组织费用

岗位招聘并收取考务组织费等。

3. 第三方平台缴费

如"淘宝刷单""微信面对面红包"交费等。

4. 只试用不录取

用人单位业务特别繁忙时，大量招聘低成本应届毕业生，试用期一过找各种理由解聘。

5. 税前税后工资差距大

签订劳动合同时确定工资，实际收入差距大，被告知扣了各种保险，各种费用等。

任务 3　设计调查问卷

情境导入 >>>>

花映泉涧，桃香崮源。北崮镇的秀美风光令人心醉。

高宇与部门经理正在远郊的北崮镇考察。呼吸着草木散发出的清香气息，已成为正式员工的高宇满心都是喜悦。公司待遇不错，也经常给新人锻炼机会，对此他非常满意。公司在北崮镇有个精准扶贫项目——帮助北崮镇旅游开发项目做宣传策划。他们此行的任务是进行实地探访。

"小高，这里的风景还不错吧，有什么想法？"耳边传来经理的声音。

"太美了，简直是人间仙境，"高宇连忙回应，"经理，有何吩咐？"

"哦，公司让咱们部门出个市场调查报告，"经理突然大手一挥，"这样，你先设计个调查问卷，用两周的时间对来这儿自驾游的市民进行随访，收集一下旅游开发的可行数据，作为报告的写作依据。对了，同时做一份'云调查'，线上线下同时收集。"

"好的，我尽快写出草稿请您审阅。"高宇心想，经理头一回让自己独立承担项目任务，一定得想办法完成好。

例文借鉴 >>>>

@毕业生，你希望学校提供怎样的就业指导服务？

4月的你，从秋招走到春招，尝试了多少次海投，经历了多少次线上或线下的面试。这一路或许有收获和欣喜，也或许有困惑和失落。但你们从不是孤军奋战，学校和老师始终在你们身后密切关注。@毕业生，你参加过学校组织的哪些就业指导活动？你希望学校在哪些方面给予你们更多的就业帮助？

快来参与我们的调查吧！

1. 你在求职中遇到了哪些方面的困惑？（多选）

□就业目标不清晰
□缺少获得招聘岗位信息的渠道
□对行业、公司缺少了解
□求职、面试技巧不足
□不了解就业相关政策
□其他

2. 你认为学校开展的就业指导活动对你有没有帮助？（单选）

□很有帮助

☐有一定的帮助，但程度有限
☐没有帮助

3．你参加过学校组织的哪些就业指导活动？（多选）
☐通过学校网络平台了解招聘岗位信息
☐在学校组织下走进企业等参观、实习
☐参加就业主题讲座
☐参加校园招聘会
☐辅导员、就业指导中心工作人员个别指导等
☐都没有

4．你认为学校组织的就业指导活动是否有帮助？（单选）
☐是
☐否

5．目前你最需要接受哪方面的具体就业指导？（多选）
☐求职简历制作指导
☐面试技巧指导
☐就业心理辅导
☐就业形势分析指导
☐求职经验分享
☐提供着装等方面指导
☐其他

6．你希望学校以哪些新形式开展就业指导服务？（多选）
☐通过网络平台智能推送匹配的岗位信息
☐通过直播宣讲就业政策等
☐组织模拟面试、素质拓展、心理测试等
☐精准的个性化就业指导
☐其他

7．关于学校就业指导服务，你还有哪些建议和想法？

（选自《中国教育报》公众号 2022 年 4 月 28 日推送内容，有改动）

简析：
　　这是一份目的明确、针对性较强的调查问卷，旨在了解应届毕业生求职就业中的困难与学校开展就业指导工作各方面的具体情况。问卷的题型有单选、多选和简答题等形式，其调查内容均是毕业生较为关心的话题。题目总体数量不多，既能引起受访者的兴趣和关注，又不会占用受访者太多的时间，便于快速收集相关信息，实现调查目的。

知识链接 >>>>

调查问卷是以问题的形式系统地记载调查内容的一种应用文体。调查问卷主要包括标题、前言、问卷答题指导和问题四部分。调查问卷的标题一般要包括调查对象、调查内容和"调查问卷"字样，如"××（品牌）餐洗净的使用情况调查问卷""××学校学生四大名著阅读体验调查问卷"等。

前言部分用来说明调查的意义和目的、调查项目和内容、对被调查者的希望和要求等，一般放在调查问卷标题下面的开头部分。

问卷指导是指导被调查者如何回答问题或解释问卷中某些信息的含义。问卷答题指导一般放在问句要求的后面，并置于括号内，如"以下选项正确的有（可选多项）"中的"（可选多项）"即为问卷答题指导。

所设置的具体问题是调查问卷的主体和核心，问题的形式一般有以下几种：

1. **单项选择题** 即一个问题只能从几个答案中选择其一。

2. **多项选择题** 针对一个问题列举出几个答案，让被访者在给出的答案中任选多个选项。

大多数多选题选择答案时，在选项中直接勾选即可；也有一种多选题，要求被访者先按一定的顺序排列，再给出排序后的多个选项。例如：请问您在选购电冰箱时，认为哪些方面最重要？哪些方面次重要和最不重要？（1）功能多（2）制冷性强（3）省电（4）保修期长（5）服务好

3. **简答题** 也称为开放式问题，所给的问题没有固定答案，被访者可以不受限制，自由回答。例如：您所了解的书目检索方法有哪些？

4. **多选与简答相结合的题目** 也称为半开放式问题。

例如：您喜欢中华优秀传统文化中的哪类作品进入语文教材？
A．古代诗词　B．古代散文　C．古典戏剧　D．其他_____

写作导引 >>>>

写作提示：

（1）前言部分要简明扼要地说明问卷的目的和意义，注意语气应谦虚诚恳，说明保密措施，消除受访人员的疑虑。

（2）设计调查问卷要明确询问的着眼点，不能出现与调查目的无关的题目。

（3）充分尊重受访者，避免出现涉及侵犯隐私的问题。

（4）不要出现诱导性的问题，以免收集的数据过于主观，导致降低调查的可信度。

（5）问卷题目的排列组合要遵循先易后难、重点突出的原则。容易的问题放在前面，重要问题放在突出位置。

（6）问卷的表述语言要简明通俗，尽量使用平易的语句，让被访者易于回答。

写作模式参考：

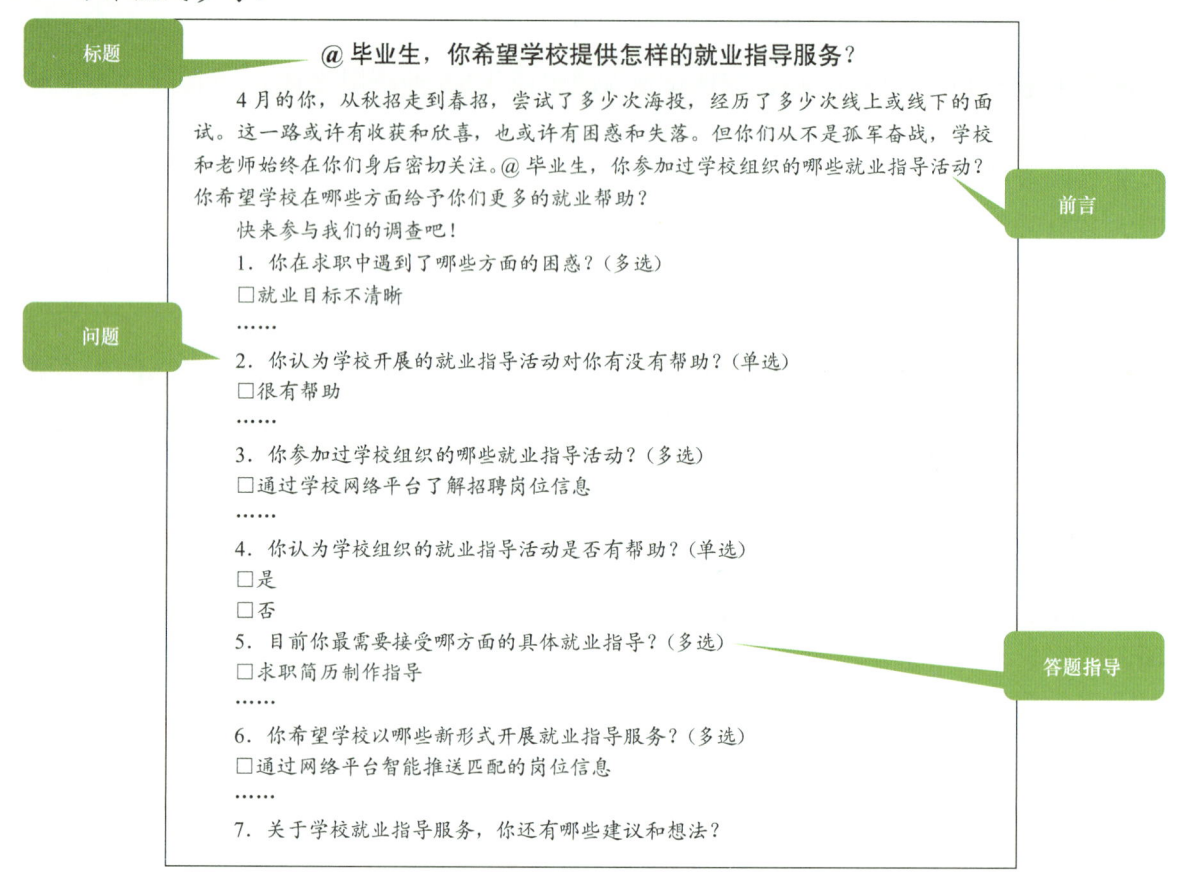

> **[标题]** @毕业生，你希望学校提供怎样的就业指导服务？
>
> **[前言]** 4月的你，从秋招走到春招，尝试了多少次海投，经历了多少次线上或线下的面试。这一路或许有收获和欣喜，也或许有困惑和失落。但你们从不是孤军奋战，学校和老师始终在你们身后密切关注。@毕业生，你参加过学校组织的哪些就业指导活动？你希望学校在哪些方面给予你们更多的就业帮助？
>
> 快来参与我们的调查吧！
>
> **[问题]**
> 1. 你在求职中遇到了哪些方面的困惑？（多选）
> □就业目标不清晰
> ……
> 2. 你认为学校开展的就业指导活动对你有没有帮助？（单选）
> □很有帮助
> ……
> 3. 你参加过学校组织的哪些就业指导活动？（多选）
> □通过学校网络平台了解招聘岗位信息
> ……
> 4. 你认为学校组织的就业指导活动是否有帮助？（单选）
> □是
> □否
> 5. **[答题指导]** 目前你最需要接受哪方面的具体就业指导？（多选）
> □求职简历制作指导
> ……
> 6. 你希望学校以哪些新形式开展就业指导服务？（多选）
> □通过网络平台智能推送匹配的岗位信息
> ……
> 7. 关于学校就业指导服务，你还有哪些建议和想法？

任务实施 >>>>

高宇的调查问卷应该包含哪些方面的问题呢？这些问题又该如何排列呢？请同学们助高宇一臂之力。可以自由组合，以小组合作的形式，共同设计、完成这份调查问卷；然后借助"问卷星"或"调查问卷"或"腾讯问卷"等小程序，设计制作线上调查问卷，并在班内展示交流，相互学习。

巩固练习 >>>>

1. 调查问卷是以_____的形式系统地记载调查内容的一种应用文体。一般包括_____、_____、_____、_____四个部分。
2. 调查问卷采用的问题形式一般有哪些种类？
3. 围绕同学们大都比较关心的热点话题（例如消费习惯、打工兼职、体育比赛、流行歌曲、个人创业等）设计一份小型的调查问卷，采用小组合作的形式完成，完成后各小组相互学习交流。

<<<< 微拓展 >>>>

问卷制作工具秀

金数据　问卷网
问卷星　调查派

平时我经常用的，就是这几个问卷制作工具

任务 4　起草广告文案

情境导入 >>>>

三月的北崮镇，桃花朵朵，漫山飘香。微风拂过，花香扑入口鼻，高宇不由深吸一口气。"怎么样，找到了灵感了吗？"经理拍了拍他的肩，一起坐下，看山下的景致。

"嗯，经理，好像有一种梦幻的诗意。"高宇陶醉地说。

"那，有什么想法没？咱们可来了三次了。"经理问。

"啊，想法？我一直在想，嘿嘿……"高宇不好意思地挠挠头。

自从主动请缨给北崮镇旅游景区开发写广告文案，高宇一直在思考如何写一个漂亮的文案稿。上次调查问卷完成得不错，部门起草的调研报告也得到了公司的肯定。公司不仅奖励了他们部门，还追加了撰写广告文案的任务，要求既能突出北崮镇得天独厚的天然氧吧优势，又要宣传北崮镇坚持"绿水青山就是金山银山"理念，积极做好保护性开发的做法。信心大增的高宇找到经理，主动要求由他起草初稿。但写稿子终究不是仅凭热情和激情就能轻松交差的，高宇就邀请经理一起再游北崮镇，于是出现了开头的一幕。

例文借鉴 >>>>

例文一

××葡萄酒

三毫米，
瓶壁外面到里面的距离，
一颗葡萄到一瓶好酒之间的距离。

不是每颗葡萄，
都有资格踏上这三毫米的旅程。
它必是葡园中的贵族；
占据区区几平方公里的沙砾土地；
坡地的方位像为它精心计量过，
刚好能迎上远道而来的季风。
它小时候，没遇到一场霜冻和冷雨；
旺盛的青春期，碰上十几年最好的太阳；
临近成熟，没有雨水冲淡它酝酿已久的糖分；
甚至山雀也从未打它的主意。

摘了三十五年葡萄的老工人，

耐心地等到糖分和酸度完全平衡的一刻

才把它摘下；

酒庄里最德高望重的酿酒师，

每个环节都要亲手控制，小心翼翼。

而现在，一切光环都被隔绝在外，

黑暗、潮湿的地窖里，

葡萄要完成最后三毫米的推进。

天堂并非遥不可及，再走

十年而已。

三毫米的旅程，一颗好葡萄要走十年

联 系 人：×先生

联系电话：××××××××××××

地　　址：××省××市××县

邮　　编：123456

简析：

这份广告文案，用散文诗的形式描绘出一幅幅美丽的画面，生动形象地传达了某品牌葡萄酒从选材到生产的一系列的过程。用拟人化的文句描绘出情感脉络，用空间的距离来说明时间的跨度。最让人感动的是广告立意：三毫米的旅程，一颗好葡萄要走十年，像在形容制酒匠人的真诚与辛勤，提升了葡萄酒的境界与品位。

例文二

平时注入一滴水，难时拥有太平洋。

简析：

这句广告标语借用夸张和比喻的修辞方法，从小与大、平时与难时两个方面加以对比，突出、强调了保险的重要性以及投保后所拥有的强有力的保障支持。另外，嵌入句子中的公司名称"太平洋"一语双关，有画龙点睛的表达之妙。

知识链接 >>>>

广告文案是指通过各种传播媒体和招贴形式向公众介绍商品、文化、娱乐等服务内容的一种信息传播形式，一般包括标题、正文、广告标语和随文等，也有的广告文案只有一句广告标语。

1. **标题**　常用的标题形式主要有三种。一是直接用品牌名称做标题，如"诚信星智能手表"。二是用委婉含蓄的语句做标题，字里行间将商品或服务的主要信息传递给消费者，如"电话一打，送货到家""只需轻轻一按，其余由我负责"(某品牌全自动照相机)。三是采用多行标题的形式，引题突出产品或服务的特点，正题点明产品或服务名称，副题对正题起到补充说明的作用。如："乐州特产，风味独特"(引题)；"乐嗑瓜子"(正题)；"轻松易嗑，越嗑越快乐"(副题，并利用"一刻"谐音，朗朗上口)。

2. **正文**　主要说明商品或服务的优越性。广告正文的写法灵活多样，可以采用单方的告白陈述方式，用平实的语言说出商品或服务的名称、用途、特点、规格、价格等信息；也可以运用双方的对话问答方式，借助一问一答的形式，逐一介绍产品的特点。呈现的文体形式，也是不拘一格。例如可以是一首短诗，也可以是一篇散文，或采用一副对联的形式，等等。

3. **广告标语**　是为了加强受众对企业、产品或服务的印象而在广告中长期、反复使用的简短口号性语句，旨在向公众传达一种长期不变的理念。如某羊肉火锅店的广告标语——"只涮羊肉不涮人"，表现店家"承诺食材不掺假，诚信经营为顾客"的经营理念。

4. **随文**　一般包括生产厂家与销售点的名称、地址、网址、邮政编码、传真、电话、开户银行、户名、账号、联系人或经销商等信息。

广告宣传种类繁多，如根据经济目的的不同，可分为营利性的商业广告和非营利性的公益广告、文化广告；根据发布的媒体划分，有报纸广告、杂志广告、广播广告、电视广告、霓虹灯广告、橱窗广告、路牌广告、传单广告等。

写作导引 >>>>

写作提示：

（1）主题鲜明，重点突出。要着重宣传该产品（商品）在同类产品中独一无二的特点，突出它所采用的新技术、新功能，以及给消费者带来哪些明显的利益等。

（2）创意独特，语言简洁。广告用语要幽默温馨、简洁明了，让受众迅速了解产品的主要信息，以达到宣传商品、引导消费的目的。

（3）实事求是，真实可信。广告文案不能含有虚假或引人误解的信息，不得欺骗和误导消费者。

（4）遵循《广告法》相关规定，广告文案不能含有赌博、迷信、色情、暴力等内容。

（5）广告文案中不能使用"国家级""最高级""最佳"等用语。

魅力职场篇

写作模式参考：

```
        ××葡萄酒                    标题为品牌名称

        三毫米，
   瓶壁外面到里面的距离，
一颗葡萄到一瓶好酒之间的距离。

      不是每颗葡萄，                   正文
   都有资格踏上这三毫米的旅程。      （散文诗形式）
       它必是葡园中的贵族：
            ……
     酒庄里最德高望重的酿酒师，
   每个环节都要亲手控制，小心翼翼。
            ……

广告口号  三毫米的旅程，一颗好葡萄要走十年

         联 系 人：×先生
随文包括联系人、  联系电话：××××××××××××
电话、地址、邮政  地    址：××省××市××县
编码等          邮    编：123456
```

任务实施 >>>>

请根据下面提供的相关资料帮高宇写一篇广告文案。

北岗镇有山有水，风光秀美，绿植遍布；河绕山行，四季长流。镇上的领导构想以农田、山体、水系等资源为基础，以生态休闲度假为主题，着力打造一个集农业生产、生态观光、休闲度假、特色购物、休闲游乐等功能于一体的农业旅游景区依托型田园综合体。

一期项目是围绕主山峰建设的多样化特色主题体验园区，建有山腰至峰顶的景观长廊，遍布坡间的是桃花谷主题观赏乐园、富氧区素质拓展主题训练园，以及专门为儿童打造的玫瑰梦幻儿童主题乐园，接近山脚有乡野风美食大乐园、鱼菜共生农业乐园以及四季果蔬采摘区等，能满足游客吃住游购娱等需求。

巩固练习 >>>>

1. 广告文案一般包括_____、_____、_____、_____四部分。根据经济目的的不同，广告宣传可分为营利性的和非营利性的。

2. 阅读下面广告宣传文案设计的草稿，在表格中的横线处分别填写一个四字短语。要求：每个短语能概括其下图示中文字说明的主要内容，语意与对应图示内容大体一致。

151

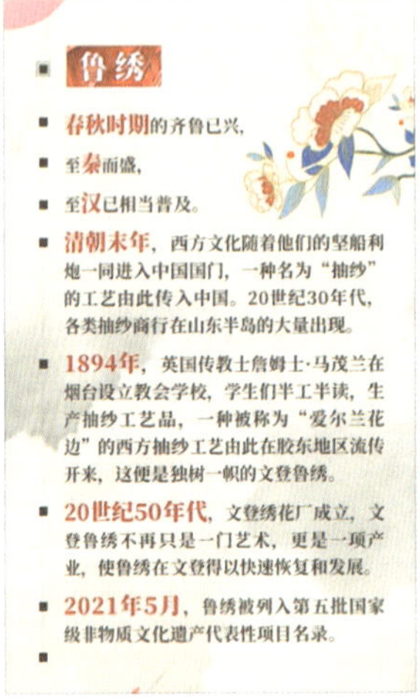

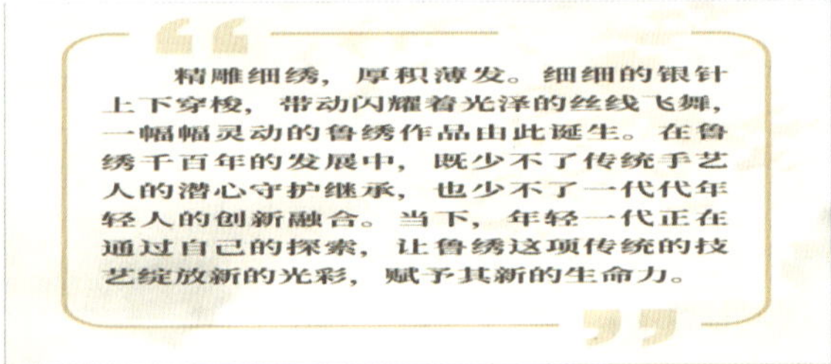

3. 下面这篇短文是一则故事体的广告文案，采用了软文写作的形式。软文的特点是不刻意突出某种事物或产品，而是通过精心设计将其融入文案中，好似绵里藏针，收而不露，追求一种春风化雨、润物无声的传播效果，借以感染读者，避免硬性推荐令人生厌。阅读下面的软文，仿照其独特创意及写作形式给家乡的土特产品、美食或者特色手工艺制品，写一篇广告文案，字数不限。

财富趣闻"豆八怪"，穿越百年的悠扬豆香

都知道扬州有八怪，那说起"豆八怪"，想必各位读者一定觉得熟悉而又陌生吧？没错，它就是最近在市场屡推"彩虹果香豆浆豆腐""爽滑果冻豆浆豆腐""金种子保健豆浆"等创意新品的豆制品创富品牌。您要问起它的渊源，那就要追溯到百年以前了……

话说号称康熙秀才、雍正举人、乾隆进士的七品芝麻官郑板桥，因荒年赈灾得罪大吏被罢官后，就从山东潍县辞别百姓毅然返乡。板桥一行，三头毛驴，一头主骑一头仆骑一头驮行李，简简单单。不计多日到得扬州蜀冈地面，黄昏时刻归乡的游子累得人仰驴翻，只得停下歇息。但这一停，又成就一段让人津津乐道的板桥佳话。原来，喘息之间，郑板桥顿觉山野清风夹杂丝丝香甜扑鼻而来。"呵呵，哪来沁人心脾的美味？惹得我饥肠辘辘！"他将毛驴交给仆从，自己一路小跑寻香而去。逆着风向，沿着一条小道逶迤而行，左兜右转便见数间山房迎面而立，香气随着袅袅炊烟弥漫了山野。

"扬州怪豆腐"，一块朴拙的木招牌，字迹已经随着木纹褪去芳华。

"有人吗？"郑板桥不待招呼，径自闯将进来，劈脸就问："店家，你家的豆腐怎么个怪法？"

"客官，急慢了！客官进得门来，就有了答案。"跑堂匆忙迎着。

"怎解？"

"怪香，择味不如撞香，客官该是老远就闻到了。我家豆腐就是与众不同。"

"原来如此！"郑板桥点头沉吟，"但有好的，只管给我上几碟来。"

"客官稍候，我先上豆浆、豆脑给客官解解渴，再上酒菜。"

不多时，豆浆、豆脑及各色豆腐菜陆续送上。抿一口豆浆，顿觉蜜样甘香；品一口豆脑，却有花果芬芳。至于碟碟碗碗的豆腐菜，拌丝、炒片、酿鲜肉、烹鱼、炸黑块、腐乳等，形状别致，色泽鲜亮，滋味非凡。如此美妙的豆腐宴，对于甘守清贫的郑板桥，简直闻所未闻、尝所未尝！此味只应天上有，怪味豆腐赛天庭。郑板桥吃得摇头晃脑，连连叫好。

"客官慢用。"跑堂见郑板桥吃得开怀，便凑上来吹嘘，"我家最受欢迎的便是各样豆腐菜，就连爱挑剔的扬州八怪老爷们也常来捧场！"

但郑板桥听来，这百分之百是假话。别说扬州八怪并非同处一时，起码我自己就是初次到店。但是这个跑堂却如数家珍，将扬州八怪的书画、癖好等描绘得头头是道。郑板桥听得频频首肯，佩服不已。是啊是啊，身为扬州八怪一分子，也许我早就与各位仁兄神游这里了！

他咂嘴吮指地享受了这顿美餐，叫仆从结账，仆从即现苦脸。郑板桥晓得，尚未到家，行囊已空。只好对跑堂说："我这里有幅板桥真迹，送与你家抵酒钱如何？"

碰到这等白食先生，店家也无可奈何，"只怕不是真品。"

"但也绝非假冒！你且取笔墨来。"

跑堂备好纸张笔墨，板桥一挥而就，怪字跃然纸上：

店头：豆八怪

上联：扬州人不爱

下联：就爱豆八怪

落款：郑板桥

到此时，店家方才明白，遇到了真神仙！平生只夸扬州怪，对面不识郑板桥，店家纳头便拜。

"看来你家与扬州八怪缘分不浅。"郑板桥道，"你家豆腐已有七怪，算上我这怪人，就与你补足八怪，叫作'豆八怪'，你看可好？""好好好，一万个好啊！"店家称谢不已。扬州八怪中最怪的郑板桥主动题写店名，这不知是从哪朝哪代开始起早贪黑做豆腐做出的福气……

[摘自《软文营销从入门到精通》（人民邮电出版社2015年版），有改动]

微拓展

公益广告展示汇

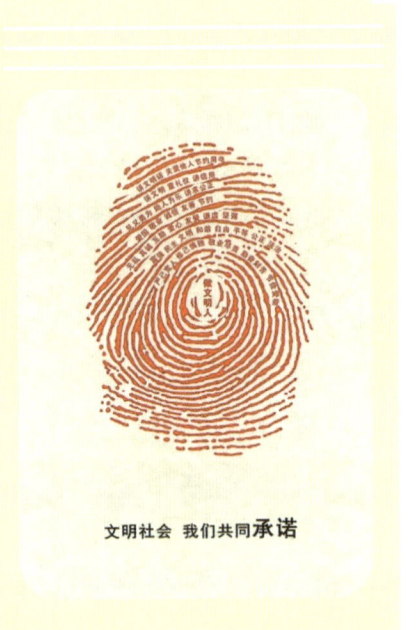

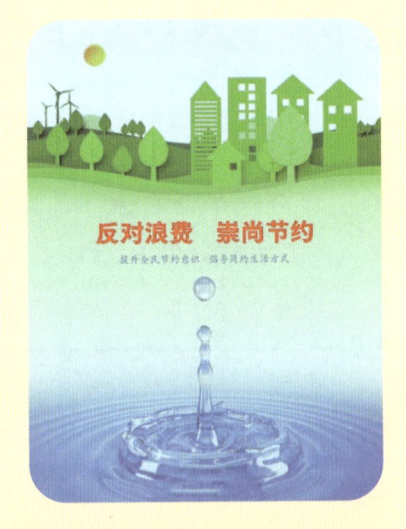

项目七 学习评价

自我评价表

学习文种	评价要素	评价等级			
		优秀（五星）	良好（四星）	一般（三星）	待努力（三星以下）
求职简历（自荐信）	1. 掌握求职简历（自荐信）的种类及形式特点。 2. 能正确修改求职简历（自荐信）的常见错误。 3. 会写作格式规范、内容得体的求职简历（自荐信）	☆☆☆☆☆			
劳动合同	1. 理解劳动合同的作用与签订要求。 2. 掌握劳动合同的要素，能辨析双方的义务与权利。 3. 能正确修改劳动合同中不合适的条目	☆☆☆☆☆			
调查问卷	1. 了解调查问卷的作用与常见类型。 2. 能正确修改一般调查问卷的常见错误。 3. 能完整设计常用的小型调查问卷	☆☆☆☆☆			
广告文案	1. 了解广告文案的内涵、形式特点及常见种类。 2. 能正确修改广告文案中不得体的语句。 3. 会写作有创意且语句通顺的广告标语	☆☆☆☆☆			
项目学习整体评价	☆☆☆☆☆ （优秀：五星\良好：四星\一般：三星\待努力：三星以下）				

应用文写作（第3版）
YINGYONGWEN XIEZUO（DI SAN BAN）

项目八　历练有成展风采

经历，是宝贵的财富；职场，是最好的老师。确定了人生的方向，找到了挥洒的舞台，我们就在朝着光的方向努力奔跑。我们坚信：付出总有收获，成长会被认可。经历了一段时间职场磨砺的高宇，又将会面临怎样的挑战呢？让我们随着时光的镜头，看高宇是如何与客户得体接洽，顺利签订合作意向书，并在公司会议上坦陈己见赢得充分认可，最终通过精心策划，以效果显著的农产品电商直播活动崭露头角，实现事业再上一层楼的。

学习目标

素质提升

1. 熟练掌握职场写作基本技能，提升职场自信心，努力做到干一行、爱一行、精一行。

2. 立足岗位需求，适应时代发展，培养爱岗敬业的从业品质和精益求精的工匠精神。

必备知识与关键能力

1. 了解介绍信的构成要素，掌握介绍信的基本写法，能写要素齐全、格式规范的介绍信。

2. 了解合作意向书的含义、特点，掌握合作意向书的结构和写作要点，能撰写简单的合作意向书。

3. 掌握会议纪要的构成要素和写作要求，能撰写格式规范、内容精练的会议纪要。

4. 了解活动策划书的特点，掌握基本写作要求，能写作简单的活动策划书。

任务 1 开具介绍信

情境导入 >>>>

转眼间，高宇顺利度过试用期，已经入职一年多了。现在的高宇，已经成长为公司的业务骨干，开始独立负责一些项目。

"叮铃铃"，办公桌前的电话响起。高宇拿起电话，习惯性地说道："您好，这里是华安科技有限公司业务部，有什么可以帮您？"

"哈哈，高宇，是我。"话筒里传来熟悉的声音。

"原来是师姐，不，是李经理，您有什么安排？"高宇半开玩笑地说。

"嗨，还真是工作上的事。你之前负责的北崮镇宣传推广项目，整体反响很好，客户非常满意，又向他们的合作单位推荐了我们。"

"太好了！这次要合作的是什么公司啊？"

"这次的目标客户是志富农产品合作社，他们专门购销本地农产品，希望与咱们公司合作，利用电商直播带货的方式，打开销路。"

"这可是大好事啊，既能扶贫助农、服务乡村振兴，又是咱们公司的发展方向。公司能把这项工作交给我负责吗？"

"就知道你会这样说。公司已经决定交由你负责。近期准备派你前往合作公司进行对接，了解对方需求，最好能够确定合作意向。"

"没问题，我这就准备。"

挂断电话，高宇的思路就转到了新项目上。"对了，第一次打交道，我得准备一份公司的介绍信，尽快取得对方公司的信任。"说干就干，高宇立即打开电脑，开始查询介绍信的具体写法。

例文借鉴 >>>>

介绍信

华大技术有限公司：

兹介绍我单位李北固同志（身份证号：110101199003××××××）前往贵单位联系学生岗位实习和校企合作等事宜。

请予以接洽为盼！

（有效期7天）

南山市中等职业教育中心学校（盖章）
2022 年 8 月 16 日

简析：

这是一份用于两个单位之间联系业务的介绍信。开头顶格写明前往办理业务的单位，接下来的正文依次表明前往接洽人员的身份、姓名（附身份证号）、所要办理的业务，然后另起一段，表明己方的真诚态度。最后附上介绍信的有效期等信息，以保证所开具的介绍信在特定时期内用于特定人员、特定业务，避免被挪用、滥用。该介绍信内容简明扼要，语言准确精练，格式完整，值得学习和借鉴。

介绍信（存根）

字第____号

兹介绍我单位_____同志（身份证号：_____）等_____人前往贵单位联系办理_____事宜。

（有效期____天）

年　　月　　日

···（骑缝章）···

介绍信

字第____号

_____：

兹介绍我单位_____同志（身份证号：_____）等_____人前往贵单位联系办理_____事宜。

请予以接洽为盼！

（有效期____天）

南山市中等职业教育中心学校（盖章）

年　　月　　日

简析：

这是一份事先印制好的带存根的介绍信，其格式固定，使用时填写相关信息即可。介绍信分正本和存根两联，两联中间盖骑缝章，用于防伪。

知识链接 >>>>

介绍信是一种用于联系、接洽、办理事宜的常用文种，一般为国家行政机关、社会团体、企事业单位派人到其他单位办理业务、了解情况、参加活动时使用。这种函件主要起介绍、证明当事人身份（如所属单位等）、到访目的的作用，便于尽快取得对方的信任和支持。

介绍信一般分为普通介绍信和专用介绍信两种。

普通介绍信可采用公文信函格式、单位便笺等书写或打印，最后加盖单位公章。

专用介绍信的内容、格式已事先印制，使用时只需填写姓名、时间等信息并加盖公章即可，多见于办理党务或人事等流程较为固定的工作。专用介绍信分为两联，一联是介绍信文本，写法同普通介绍信；一联是存根，只保留需要存档的关键信息。两联中间有间缝，须盖骑缝章；两联均有编号，便于查核和收存。

介绍信主要由标题、称谓、正文、落款四部分组成。

1. **标题**　一般在首行居中写"介绍信"即可，字号比正文大。

2. **称谓**　另起一行，顶格书写。写前往单位的名称，要用全称，不可用简称或缩写，称呼后加冒号。

3. **正文**　正文写法比较固定，一般以"兹介绍"为引领，写明介绍前去办事的人员姓名、身份、同行人数、接洽事宜等信息，最后提出希望或要求。一般以"此致""敬礼"或"请予以接洽为盼"做结尾。正文末另起一行，在括号内注明有效期。

4. **落款**　包括署名和日期两部分，右下角注明开具介绍信的单位全称，单位下一行写清开具日期，并在署名和日期上加盖单位公章。

写作导引 >>>>

写作提示：

1. **信息要真实**

介绍信中的姓名、单位、身份、接洽业务等信息必须如实填写，不能弄虚作假。

2. **内容要简明**

语言精练，接洽事项要具体、明确，不写与接洽事项无关的内容。

3. **态度要真诚**

用语委婉，以商请的口气，而不是命令。

4. **要素要完整**

注明开具单位、开具日期、有效期等信息，并加盖单位公章。带存根的介绍信还应加盖骑缝章。手写介绍信或有填写内容的，应字迹工整，全文无涂改。

写作模式参考：

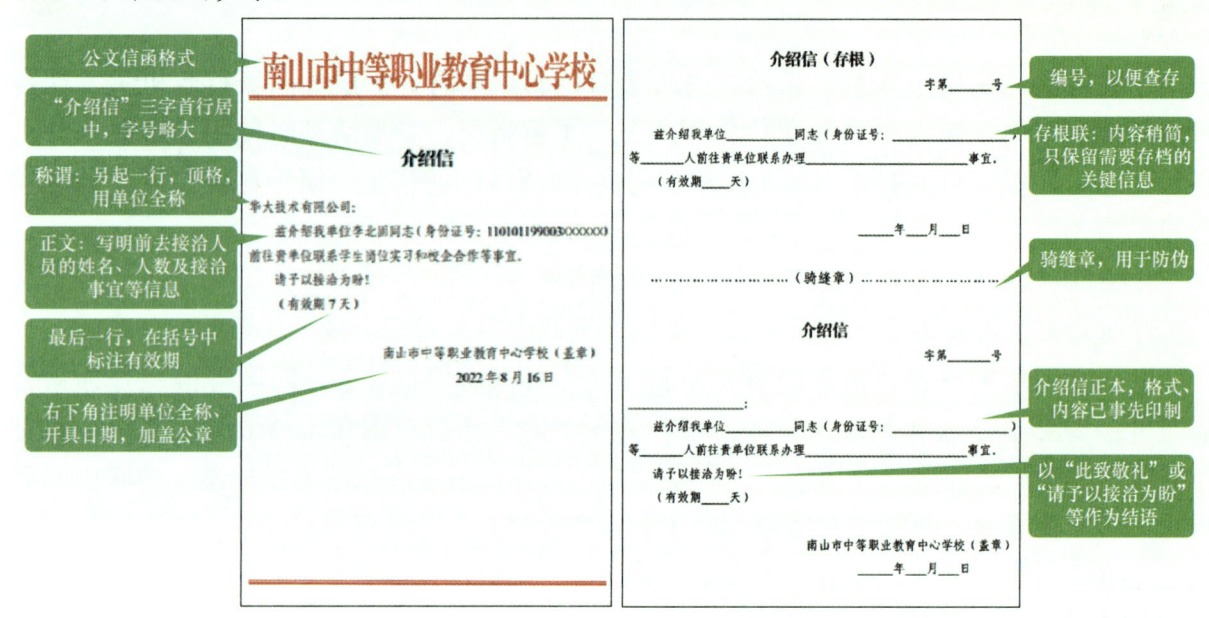

公文信函格式

"介绍信"三字首行居中，字号略大

称谓：另起一行，顶格，用单位全称

正文：写明前去接洽人员的姓名、人数及接洽事宜等信息

最后一行，在括号中标注有效期

右下角注明单位全称、开具日期，加盖公章

南山市中等职业教育中心学校

介绍信

华大技术有限公司：
兹介绍我单位李北闽同志（身份证号：110101199003XXXXXX）前往贵单位联系学生顶岗实习和校企合作等事宜。
请予以接洽为盼！
（有效期 7 天）

南山市中等职业教育中心学校（盖章）
2022 年 8 月 16 日

介绍信（存根）
字第＿＿＿号

兹介绍我单位＿＿＿＿同志（身份证号：＿＿＿＿）
等＿＿＿人前往贵单位联系办理＿＿＿＿事。
（有效期＿＿＿天）

＿＿＿年＿＿月＿＿日

………………（骑缝章）………………

介绍信
字第＿＿＿号

＿＿＿＿＿：
兹介绍我单位＿＿＿＿同志（身份证号：＿＿＿＿）
等＿＿＿人前往贵单位联系办理＿＿＿＿事宜。
请予以接洽为盼！
（有效期＿＿＿天）

南山市中等职业教育中心学校（盖章）
＿＿＿年＿＿月＿＿日

编号，以便查存

存根联：内容稍简，只保留需要存档的关键信息

骑缝章，用于防伪

介绍信正本，格式、内容已事先印制

以"此致敬礼"或"请予以接洽为盼"等作为结语

任务实施 >>>>

根据公司安排，高宇要和其他两位同事一起前往志富农产品合作社，洽谈农产品直播带货和合作事宜。由于是首次合作，为尽快取得对方信任，公司安排高宇和同事带着公司介绍信前往。

请根据以上要求，帮助高宇他们起草一份格式规范的介绍信。身份证号、日期等相关信息可虚拟。

巩固练习 >>>>

1. 介绍信一般分为＿＿＿＿、＿＿＿＿两类，主要由＿＿＿＿＿＿、＿＿＿＿、＿＿＿＿、＿＿＿＿四个要素组成。

2. 阅读下面的介绍信，找出其在内容和格式上存在的问题，并加以改正。

××××公司：
兹介绍我公司 3 名同志前往你处办理相关业务。请予接待。
　　此致
敬礼

　　　　　　　　　　　　　　　　　　　　××××公司
　　　　　　　　　　　　　　　　　　　　××年×月×日

3. 假设学校安排你跟随班主任前往校企合作的企业领取精密操作仪器，用于实习操作，合作企业要求携带介绍信前往。请代学校办公室起草一份格式规范、内容完整的介绍信。

<<<< 微拓展 >>>>

古代的"介绍信"是什么样的呢？

我国古代的"介绍信"是用实物作为凭证。

古代邮驿只传递政府的公文和军报。为了辨别真伪，保证传递的准确、安全，历代都规定了牌符制度，用牌符证明所传的文书是真的。周代用竹符，汉代用铜符，唐代用银符，宋代用木牌，涂漆写字，有金字牌、青字牌、红字牌等，相当于现在的通行证、介绍信。

虎符，可以说是最古老的"介绍信"了。它是用于征调军队的一种信物。上面刻有虎形和文字，剖成两片，国君与主将各执一片。国王要征调某位主将手下的部队，就派人将自己保存的一半虎符带着去找这个主将。合符后，这个主将就得服从征调；如果不合符，这个主将有权拒绝出征。

战国·楚"王命传遽"铜虎节，现藏于中国国家博物馆

1986年10月17日，为了祝贺中华全国集邮联合会第二次代表大会开幕，国家邮电部发行J·135《中华全国集邮联合会第二次代表大会（小型张）》一枚，由刘硕仁设计，胶版，齿孔11.5度，背面刷胶，北京邮票厂印制。邮票图名"王命传虎节"，图案采用了北京故宫博物院收藏的战国邮驿凭证——"王命传"虎节。虎身上有铭文"王命命传赁"，意思是传递王命，供应车马和饮食。这种虎节和虎符一样，一分为二，一半发给传递军事文书的信使，另一半发给驿站或关卡，以查验是否符合，判别真伪。

战国·杜虎符，现藏于陕西历史博物馆

在《史记·魏公子列传》中就有一个"盗虎符"的故事：公元前257年，秦军进攻赵国，兵临邯郸城下，赵国求救于魏楚两国，魏国派大将晋鄙率军救赵。这时秦国向魏国施加压力，魏王屈服，令晋鄙按兵不动。赵国相国见魏不肯进兵，就写了一封告急信给魏国相国信陵君魏无忌，信陵君通过魏王妃子如姬的帮助，盗出魏王亲自掌握的半个虎符，假传王命，击杀晋鄙，夺得兵权，然后率兵8万，会同楚军一起救赵，遂解邯郸之围，救了赵国。这就是历史上有名的窃符救赵的故事。由此可见，虎符作为"介绍信"的作用是很大的。

（摘编自网络，有删改）

任务2 起草合作意向书

情境导入 >>>>

"高宇!"经理满面笑容地喊道,"志富农产品合作社来电话,已经确定了合作意向,恭喜你,又要拿下一单了。"

"太好了!"高宇略感兴奋,"经理的指点很见效啊。"

"不过,我们不能大意,要趁热打铁,抓紧时间签订合作意向书,把合作意向先确定下来,也便于咱们继续跟进。"

"是,经理。我们已经有所准备,我细化一下,争取尽快成稿。"

"看来,你早就心中有数了啊。那就明天交给我吧。"

"啊?好吧。"看着经理期待的眼神,高宇明白,这是经理又在给自己压担子呢。谁让自己刚才说得这么肯定呢。

"要根据当时商量的情况,写清合作事宜。要准确客观表述,不能夸大……"之前学习的合作意向书的写法要求,纷纷涌上高宇的心头。

"好,那就开始吧。"高宇嘴角上扬,自言自语道。

例文借鉴 >>>>

校企合作意向书

潮州职业学校(以下简称"甲方")与潮州金太阳广告公司(以下简称"乙方"),本着互相协作、各施所长、互补所需的精神,建立校企合作关系。经双方友好协商,达成如下合作意向:

一、合作总则

本着双方互相协作的原则,甲方为乙方提供员工技术培训,并协助乙方开展技术服务,甲方所属系(部)根据专业人才培养方案及课程标准,在不影响乙方正常生产的前提下,派遣学生到乙方实习,乙方根据学生实习期的内容和项目给予适当安排,并安排专业技术人员进行指导,以保证学生能顺利完成实习教学内容,为毕业后服务于企业奠定良好的基础。乙方在条件许可下接纳甲方教师到企业进行挂职锻炼。

二、合作事宜

(一)甲方

1. 根据乙方实际情况和要求,提供信息服务、技术援助和项目合作研究。

2. 根据专业人才培养方案及课程标准,与乙方共同制订实习计划,确定实习的时间、内容、人数和要求。

3. 委派专人负责实习学生的心理健康、安全教育、往返交通及实习教学指导等工作。

4. 教育督促实习学生严格遵守乙方的各项管理制度和规章制度。

5. 甲方可对乙方在岗职员进行定期培训，同时乙方可根据实际情况委派技术骨干来甲方进行实践教学指导，甲方根据学院相关规定给予乙方指导教师相应的薪酬。

（二）乙方

1. 充分利用企业的行业优势和影响，根据自身需要与甲方进行项目合作研究，并对双方成果进行推广。

2. 按照甲方专业人才培养方案和专业课程标准要求，结合单位实际情况，安排学生的实习岗位。

3. 根据学生综合表现和素质，可优先选择优秀毕业生就业。

4. 学生在使用乙方的设备时，必须在乙方指导教师的指导下上机操作。操作过程中必须遵守有关安全生产操作规程。

三、其他

本协议一式两份，双方各执一份，合作协议一经双方代表签字、盖章即生效，未尽事宜，可由双方协商解决。

甲方（盖章）：潮州职业学校　　　　　　乙方（盖章）：潮州金太阳广告公司
负责人（签字）：×××　　　　　　　　负责人（签字）：×××
日　　期：20××年8月15日　　　　　　日　　期：20××年8月15日

简析：

这是一份较为常见的合作意向书，正文首先表明了签订意向书的双方单位名称，用承上启下的语句"达成如下合作意向"，导出主体内容，说明了合作的范围、合作的意向、双方的义务、协议的份数等内容。落款部分详细注明了双方单位、代表的印信和签订时间等。该意向书内容完整，格式规范，条款规定的事项具体、明确。

知识链接 >>>>

合作意向书，是指协作双方或多方就某一合作事项在进入实质性谈判之前进行初步接触、洽谈后形成的带有原则性、方向性意见的文件。

合作意向书有以下四个特点：

一是一致性。签订合作意向书就意味着双方或多方已取得了一定共识、确定了一致目标，希望在初步商谈基础上，将共同目标以书面形式明确下来。

二是概括性。合作意向书的内容一般是原则性的意见，写明双方或多方有意合作的项目、初步达成的共识、下一步推进的方向、重要事项的节点等，语言高度概括，条款式表述，不涉及具体细节、详细方案等内容。

三是临时性。意向书只是表达洽谈的初步成果，是下一步签订协议书和合同的基础。一旦签署了协议或合同，合作意向书也就完成了它的历史使命。

四是信誉性。合作意向书是建立在信誉之上的，虽然具有一定的约束力，但不具备法律效力。这与协议、合同所具有的法律强制性是不同的。

无论是哪种形式的合作意向书，其结构、写法基本一致，一般包括标题、正文和落款三部分。

1. **标题**　第一行居中写，字体稍大。一般写法为"事由＋文种"或"关于＋事由＋文种"，如"关于环保纸制品研发生产的合作意向书"；或者采用"单位＋事由＋文种"形式，如"××公司和××公司联合开发新能源电池的合作意向书"；也有的采用最简单的方式，直接写"合作意向书"。

2. **正文**　正文开头一般写明合作方的法定名称，为方便下文表述，可将各方分别确定为甲方、乙方、丙方等，并在全称后用括号标注。然后，简要介绍各方接触情况，用"经友好协商，特就……事宜签订本意向书"等程式化语言过渡到正文主体。正文一般以条文形式写明各方所达成的意向，如合作的项目、方式、程序、双方的义务等。有的也会列出下一步工作计划，如再次会商的时间等。常以"未尽事宜，在正式签订合同或协议书时予以补充"作为结语，以便留有余地。最后，一般写明合作意向书的份数和分送单位。

3. **落款**　落款写明签订合作意向书的单位全称、负责人姓名，并加盖单位公章，注明签署日期。

合作意向书的签署形式一般有三种：一是单签式，即由出具方签署后，合作方在副本上签字认可；二是联签式，即合作方同时签署，各执一份为凭，是较多采用、比较郑重的一种方式；三是换文式，即合作方各自签署后交换文本，形式与外交上的"换文"相同。

写作导引 >>>>

写作提示：

1. **语气要平和**

合作意向书是友好协商的产物，双方地位是平等的，撰写时多采用商量、假设的语气，如"希望""约定""拟""将"等，不要随便用"必须""应当""否则"之类的用语。

2. **内容要概括**

合作意向书仅仅是表明合作各方达成的初步意见和概略性想法，因此表述语言宜简洁精练，一般不对项目的关键性问题、操作细节等详细描述。

3. **格式要规范**

合作意向书是今后合作的基础，相关格式应参照合同格式进行。尤其是合作单位名称、签章、时间等要素应全面、准确。重要的合作意向书签订，还会举行正式仪式，以示隆重。

4. 形式可灵活

合作意向书的篇幅可长可短，可以只写合作意向的核心要点，也可以写明合作各方对合作项目的认识、对关键事项的共识、对关键要点的约定等，甚至可以提出多种意见或可行性方案供协商，方式较为灵活。

写作模式参考：

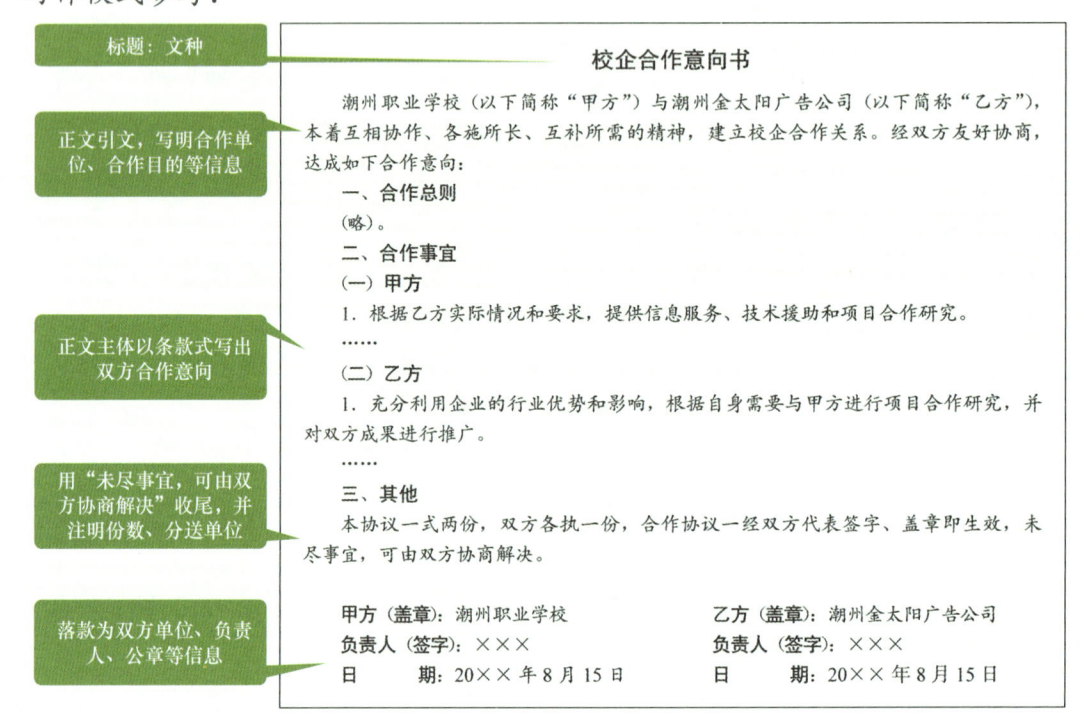

校企合作意向书

潮州职业学校（以下简称"甲方"）与潮州金太阳广告公司（以下简称"乙方"），本着互相协作、各施所长、互补所需的精神，建立校企合作关系。经双方友好协商，达成如下合作意向：

一、合作总则

（略）。

二、合作事宜

（一）甲方

1. 根据乙方实际情况和要求，提供信息服务、技术援助和项目合作研究。

……

（二）乙方

1. 充分利用企业的行业优势和影响，根据自身需要与甲方进行项目合作研究，并对双方成果进行推广。

……

三、其他

本协议一式两份，双方各执一份，合作协议一经双方代表签字、盖章即生效，未尽事宜，可由双方协商解决。

甲方（盖章）：潮州职业学校	乙方（盖章）：潮州金太阳广告公司
负责人（签字）：×××	负责人（签字）：×××
日　　　期：20××年8月15日	日　　　期：20××年8月15日

标注说明：
- 标题：文种
- 正文引文，写明合作单位、合作目的等信息
- 正文主体以条款式写出双方合作意向
- 用"未尽事宜，可由双方协商解决"收尾，并注明份数、分送单位
- 落款为双方单位、负责人、公章等信息

任务实施 >>>>

经过高宇和同事们的努力，志富农产品合作社（甲方）与高宇所在的华大科技公司（乙方）达成了合作意向。请根据高宇在笔记本上记录的协商内容，帮高宇草拟一份合作意向书吧。

DATE:　　　　　PAGE:

2022年8月22日　农产品电商直播合作洽谈

（洽谈过程略）

1. 志富农产品合作社为甲方，华大科技公司为乙方，签订合作意向书。

2. 确定乙方为农产品电商直播的指定合作单位，负责通过网络直播进行产品宣传和推广。

3. 甲方指定人员与乙方对接，提供农产品产地、图片等相关情况说明，提供部分农产品样品，主动配合做好产品推介和合作范围内的宣传促销活动。

4. 乙方全方配合甲方制定产品宣传方案，尽快联系确定直播人员，负责组织网络直播活动。

5. 甲方提供信息应及时、准确，确保直播农产品质量，负责农产品快递包装、发货、售后等事宜。

6. 乙方应安排具有较强带货能力的主播，尽量扩大直播农产品的影响，树立农产品合作社的良好品牌形象。

7. 其他未尽事宜，在正式签订合同或协议书时予以补充。

魅力职场篇

> **巩固练习** >>>>

1. 合作意向书是合作各方达成的具有_____、_____意见的文件，具有_____、_____、_____、_____等四个方面的特点。

2. 公司需要起草一份与墨子职业学院的学生实习合作意向书，刚入职的小刘自告奋勇承担了这一任务。由于是第一次承担这样的任务，小刘撰写的意向书存在一些不当之处。请帮小刘看一下文中有哪些不正确的地方，并帮他改正过来。

学生实习合作意向书

远方大酒店与墨子职业学院经友好协商，就乙方学生实习安排事宜，本着精诚合作、互惠互利的原则，特订立合作意向书如下：

一、乙方在制订学生实习计划时，必须提前向甲方通告学生资源情况。甲方不得要求乙方提供招聘实习生的需求信息、客户公司的相关信息，如薪资待遇、工作时间、住宿条件、交通情况等。

二、如甲方有合作意向，则乙方必须优先考虑按甲方的所有要求，提供优秀的、数量充足的实习生。

三、甲方负责对乙方的学生进行考核筛选，并将合格者安排到客户公司实习。

四、甲、乙双方共同负责对学生的实习管理，稳定实习生队伍，确保客户公司的满意度。

五、本协议一式两份，甲、乙双方各执一份，即时生效。

甲方：远方大酒店　　　　　　　　乙方：墨子职业学院

3. 在生活实践中，我们常会见到"合同""协议书"之类的应用文书。它们与本节所学的"合作意向书"有何异同？请根据所学知识，借助网络搜索或文献查阅等途径，详细了解意向书、协议书、合同的定义，并将它们之间的关系和不同之处简要描述出来。

<<<< 微拓展 >>>>

意向书的法律效力问题

日常生活中，我们会遇到各种各样的"意向书"，比如，在找工作时可能会收到公司发出的"入职意向书"，在买房时可能会签订"购房意向书"，以及我们今天学到的"合作意向书"，等等。

我们也会经常面临这样的疑问，我签订了"入职意向书"，可以毁约吗？公司可以不安排我入职吗？签订了"购房意向书"，开发商又无故涨价，我可以拿着"购房意向书"去告他吗？

在刚学的"合作意向书"中，老师讲到，"合作意向书"是不具备法律效力的，我是不是就束手无策了呢？

其实也不是绝对的。无论是"入职意向书"还是"购房意向书",都只表明了一种意向,不是确定性的文书,最终是可以不录取、不签购房合同的,是不具备法律效力的。但是,如果意向书规定了双方详细的权利义务,符合法律规定的生效要件,则形成"预约合同",具有了法律效力。

其法律依据为:《中华人民共和国民法典》第四百七十二条:"要约是希望与他人订立合同的意思表示,该意思表示应当符合下列条件:(一)内容具体确定;(二)表明经受要约人承诺,要约人即受该意思表示约束。"

《中华人民共和国民法典》第四百九十五条:"当事人约定在将来一定期限内订立合同的认购书、订购书、预订书等,构成预约合同。当事人一方不履行预约合同约定的订立合同义务的,对方可以请求其承担预约合同的违约责任。"

任务3 编发会议纪要

情境导入 >>>>

"看来,大家对业务部的报告都很满意,和志富农产品合作社的合作方案可以通过了。"

随着总经理铿锵有力的话语,被总经理指定参加专题研究会议的高宇心情一阵激动,悬着的心终于放下了。

"高宇,"总经理的目光转向高宇,"虽然方案通过了,但刚才几位经理也都提出了改进的建议,你都记下了吧?"

"是的,总经理。"高宇肯定地点头表示,"我们项目小组一定按照各位经理的意见,进一步对方案进行修改、完善。"

"那好。你们项目组就根据会议研究情况,尽快整理一份会议纪要,报总经理办公室审定后,按程序签发吧。"

"好的,保证完成任务!"迎着项目部经理肯定的目光,高宇答道。

散会后,看着满满一大张的会议记录,高宇开始梳理思路。

"先表述会议基本情况,再写清会议决定事项……""得分块梳理各位经理的意见,形成准确、精练的条目……""要用第三人称表述,会议认为……"

随着大脑的飞速运转,会议纪要的"雏形"在高宇的脑海中基本成型。

例文借鉴 >>>>

南山经济学校校长办公会议纪要

2022年第6号

6月6日上午,南山经济学校校长李怀山在德馨楼二楼会议室主持召开校长办公会议,传达了全市防范学生溺水及校园安全工作会议精神,就教学质量期末监测考试、教学能力比赛等工作进行了部署,现将会议议定事项纪要如下。

一、传达全市防范学生溺水及校园安全工作会议精神

会议传达了全市防范中小学生溺水及校园安全工作会议精神,就做好贯彻落实工作进行了安排部署。会议指出,学校安全稳定是做好教学、管理等各项工作的基础。要加强防溺水及安全宣传教育,提高学生安全意识。积极与社区对接,督促社区对辖区内河道、池塘等进行排查,设立明显警示标志。

二、关于做好期末监测考试工作

会议指出,建立教学质量期末监测考试制度,是落实国家提出的"就业和升学并

重"的重要举措,也是抓学风、带校风、提质量的必然要求。要坚持全员参与,积极做好"知识+技能"考试组织工作;严肃考风考纪,严肃查处违纪作弊问题;及时进行监测成绩分析、讲评,不断提高教学水平。

三、关于推荐参加全市职业院校教学能力比赛问题

会议听取了大赛办关于校赛情况的汇报,同意推荐数学、公共艺术、会计事务、旅游服务与管理4个学科(专业)的教学团队参加全市职业院校教学能力比赛。会议要求,要继续加强备赛指导,力争取得较好成绩,坚持以赛促教、以赛促学,持续推进"三教"改革,提升人才培养质量。

出席:李怀山、夏志豪、方国强、黄文旺、朱士杰。
请假:王佳和。
列席:刘怡婷、张冠杰、郝文宇、蔡国伟。

简析:

作为学校的校长办公会议,一般会有多个事项需要研究解决。该会议纪要就记载了多个事项的研究结果,采用条目的形式进行表述。表述主体为会议,分别用"会议传达""会议指出""会议听取"来引领各个段落的具体内容。此会议纪要格式规范,内容要点明确,表述的语言简洁精练。

农产品电商直播合作洽谈会议纪要

2022年8月22日上午,志富农产品合作社和华大科技有限公司在志富农产品合作社会议室举行农产品电商直播合作洽谈会,就双方合作开展农产品宣传、销售等工作进行了洽谈,现将会议有关情况纪要如下:

会议认为,通过电商直播平台推广、销售农产品是大势所趋,既能服务于国家扶贫助农、乡村振兴的大战略,也能扩大南山地区农产品销路,对合作双方是"双赢"的效果。

会议要求,合作双方应密切配合,由志富农产品合作社负责提供农产品相关资料,做好产品品控、发货、售后等工作;由华大科技有限公司负责落实主播人员,制定直播方案,做好宣传推广工作等。

会议强调,合作双方要本着平等协商、互惠互利的原则,继续就相关合作细节进行深度沟通,力争尽快签订合作协议,建立长期合作机制,共同打造农产品电商直播品牌,带动南山地区农民共同致富。

出席:志富农产品合作社周志和、于立伟、何信;华大科技有限公司王志和、周宇、刘景和。
记录:志富农产品合作社吴辉、华大科技有限公司黄兴伟。

简析：

这是一篇商务洽谈会议的会议纪要，与上一例文汇总多个事项不同，此文只就某一事项编发纪要，内容聚焦，专题特色鲜明。写作时，围绕直播带货这一主题，从合作意义、具体要求、下一步的安排等不同层面，对会议内容进行整合，并分别以"会议指出""会议要求""会议强调"进行衔接。内容层次清晰，重点突出。

知识链接 >>>>

纪要，是《党政机关公文处理工作条例》（2012年印发）中所规定的正式公文文种之一。在日常使用中，人们习惯称其为"会议纪要"。

会议纪要，适用于记载会议主要情况和议定事项，是一种活跃于公共事务管理和企事业事务办理中的常见文种，其主要作用是记载和传达。

会议纪要具有以下三个方面的特性。

一是纪实性。会议纪要必须如实反映会议内容，不能擅自删减或更改议定事项。

二是要点性。会议纪要不是对会议过程简单机械的记录，而是归纳、提炼会议的主要情况和研究决定，摘其要而记之。

三是约束性。会议纪要反映了与会单位及其组织领导者的共同意志，对与会单位及其下属机关具有法定的约束力和指导作用，必须共同遵守和执行。

一般说来，纪要通常由标题、正文和文尾三部分组成。

1. 标题　一般是单位名称或会议名称加纪要，如"××学校校长办公会议纪要""全市校企合作会议纪要"。也有的采用正标题+副标题的形式，正标题揭示会议主旨，副标题说明会议名称和文种，常见于报刊公开发表的纪要，如《凝聚家校合力，共育时代青年——××市家庭教育工作研讨会纪要》。

2. 正文　一般包括开头、主体和结尾三部分。

（1）开头。主要概述会议的基本情况，包括会议时间、地点、名称、主持人、参加人、会议议程和主要成果等，然后用"现将会议主要精神纪要如下"或"现将这次会议研讨的几个问题纪要如下"等过渡句转入下文。

（2）主体。主要包括会议研究的问题、讨论的意见、做出的决定、提出的要求等，是纪要的核心。主要有三种写法。一是条款法。把会议议定事项用条款的方式简要说明，一条写一个事项。二是综述法。将会议讨论、研究的问题综合成若干部分，每个部分集中谈一个方面的问题。三是提要法。根据发言顺序，将有代表性的发言择其要点概述出来，如实反映与会人员的讨论情况或态度。

（3）结尾。一般有两种情况：一是在纪要的最后提出希望，单独作为一段结束全文；二是不设结尾语或结束段，最后一个问题讲完就是全文的结束。

3. 文尾　一般用来注明出席、请假、列席、记录人员等信息。

写作导引 >>>>

写作提示：

1. 忠于会议精神

纪实性是纪要的生命。写作时，既不能随意变更主题、删减内容，也不能掺杂个人见解或好恶。

2. 善于归纳总结

要把讨论的意见予以梳理、归纳，使之明朗并加以条理化，一个问题一个问题说明白，不能杂乱无章。

3. 注意表述用语

会议纪要以第三人称进行表述，一般以"会议指出""会议强调""会议要求""会议议定"等句式开头。

4. 及时起草整理

会议研究确定的事项一般都有较强的时效性，应该在会后立即着手起草，尽快成稿印发。

5. 履行审批程序

纪要初稿完成后，要充分征求参会单位或参会人员意见，经会议主持人签字同意后，方可发出。

写作模式参考：

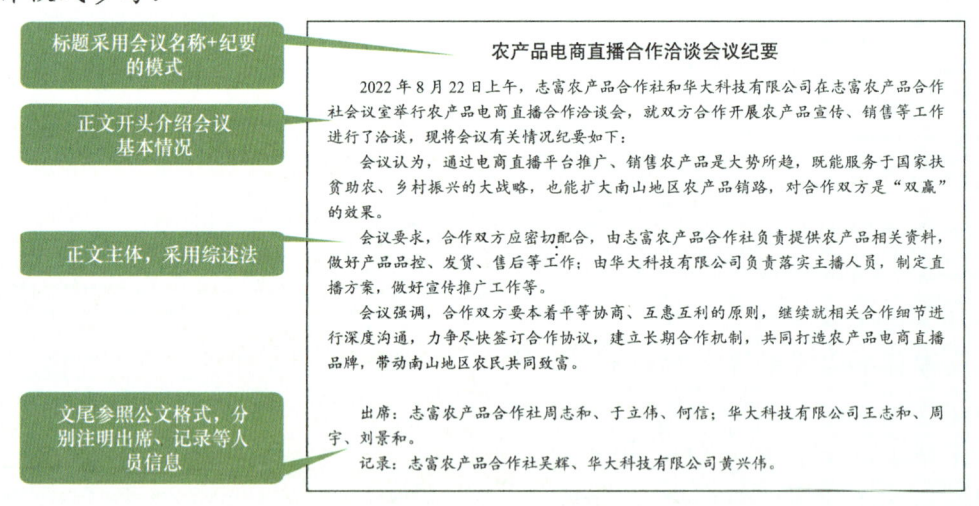

标题采用会议名称+纪要的模式	**农产品电商直播合作洽谈会议纪要**
正文开头介绍会议基本情况	2022年8月22日上午，志富农产品合作社和华大科技有限公司在志富农产品合作社会议室举行农产品电商直播合作洽谈会，就双方合作开展农产品宣传、销售等工作进行了洽谈，现将会议有关情况纪要如下：
正文主体，采用综述法	会议认为，通过电商直播平台推广、销售农产品是大势所趋，既能服务于国家扶贫助农、乡村振兴的大战略，也能扩大南山地区农产品销路，对合作双方是"双赢"的效果。 会议要求，合作双方应密切配合，由志富农产品合作社负责提供农产品相关资料，做好产品品控、发货、售后等工作；由华大科技有限公司负责落实主播人员，制定直播方案，做好宣传推广工作等。 会议强调，合作双方要本着平等协商、互惠互利的原则，继续就相关合作细节进行深度沟通，力争尽快签订合作协议，建立长期合作机制，共同打造农产品电商直播品牌，带动南山地区农民共同致富。
文尾参照公文格式，分别注明出席、记录等人员信息	出席：志富农产品合作社周志和、于立伟、何信；华大科技有限公司王志和、周宇、刘景和。 记录：志富农产品合作社吴辉、华大科技有限公司黄兴伟。

任务实施 >>>>

高宇在公司专题会议上汇报了哪些主要内容？各位经理又会提出怎样的建议呢？请大家根据上面例文和简析中的信息合理想象，大胆推测，并以小组为单位，进行角色扮演，模拟召开一次公司专题会议，然后根据格式及内容方面的写作要求，帮助高宇整理一份会议纪要。

巩固练习

1. 会议纪要主要具有_____和_____两个方面的作用，具有_____、_____和_____三个特点。

2. 有的同学认为，起草会议纪要时，应面面俱到，最好将每个人的每句话都写下来；也有的同学认为，起草会议纪要时，要突出主持人的作用，最好用会议主持人的口吻进行表述；还有的同学认为，起草会议纪要时，起草人认为不合适的，可以不写进会议纪要内容。这三种说法是否正确呢？为什么？

3. 小刘参加了南山经济学校乒乓球社团召开的年度会议，并根据会议情况起草了一份会议纪要。但由于经验不足，在格式、写法上有几处错误。请帮助小刘找到这些错误，并写出修改稿。

《南山经济学校乒乓球社团会议纪要》

时　　间：2022年10月16日

参加人员：会长李玮，副会长刘超、吴慧月、章友和，办公室主任于伟丽，活动中心主任韩建文，宣传中心主任刘一涛。

记　　录：刘志鸿

会议内容：

一、关于社团办公地点。学校搬迁完成后，吴慧月、章友和同志对社团新办公地点进行了考察。两位同志经过比较，认为墨子楼一楼103室靠近乒乓球室、面积宽敞，适合做社团的办公地点。会议决定，从即日起将南山经济学校乒乓球社团办公地点确定为墨子楼一楼103室，报学校同意后正式挂牌办公，联系电话：18888888888。

二、关于办公设施设备。办公室提出，需要尽快向学校提出申请，由学校提供办公桌椅、电话和必要的办公费用；同时，将学校现有乒乓球室作为社团固定活动场所，利用周末和课余时间组织乒乓球培训活动。

三、关于学年活动计划。活动中心提出，需明确本学年活动安排，打算2022年10月份完成社团纳新，11月份开始社团活动，2023年1月份组织一次乒乓球集训，3月份进行第二次纳新，5月份组织内部比赛。

南山经济学校乒乓球社团
2022年10月16日

微拓展

《论语》——中国史上最早的会议纪要

笔者抄录《论语》，发现该著作实是古代中国最早的会议纪要文集。现以《颜渊·问仁》举例说明。

【原文】颜渊问仁。子曰："克己复礼为仁。一日克己复礼，天下归仁焉。为仁由己，而由人乎哉？"颜渊曰："请问其目。"子曰："非礼勿视，非礼勿听，非礼勿言，非礼勿动。"颜渊曰："回虽不敏，请事斯语矣。"

杏坛讲堂"仁"专题研讨会议纪要

　　公元前500年左右，孔子在曲阜市杏坛讲堂主持召开研讨会，专题讨论关于"仁"的问题，孔子、颜渊等众弟子参加，现将会议讨论情况纪要如下：

　　会议围绕"仁"的概念、标准等问题进行了热烈讨论，以颜渊为代表的一众弟子未达成统一意见，共同向孔子请教。

　　孔子在发言中提出两个见解。一是关于"仁"的概念。能够克制和约束一己私欲，让自己的行为回复到礼的要求上，就是"仁"。二是关于"仁"的标准。一个人如果能做到克己复礼，天下的人就都会赞许他是仁者了。做仁义的事情是完全靠自己的，难道能靠别人吗？

　　颜渊等众弟子纷纷表示赞同，继续向孔子请教具体的实践路径。

　　对此，孔子提出了四点标准：一是不符合礼的不要看，二是不符合礼的不要听，三是不符合礼的不要说，四是不符合礼的不要做。

　　孔子的发言令众弟子顿感茅塞顿开，纷纷做表态发言。颜渊提出，自己虽然不够聪敏，但一定会按照这个要求去做。

　　……

（摘编自网络，内容有删改）

任务 4 拟写活动策划书

情境导入 >>>>

随着时间的推移，高宇所在公司与志富农产品合作社的合作渐入佳境。

"高宇，告诉你个好消息，随着农产品销路的不断扩大，农产品滞销问题已经初步解决了！"

接到志富农产品合作社刘经理的电话，高宇由衷地感到高兴。

"真是太好了，合作社的乡亲们终于可以睡个好觉了！"高宇发自内心地说道。

"我们公司决定乘胜追击，利用电商平台，开展一次直播带货活动，以彻底解决当前的农产品滞销问题，也顺便扩大一下公司的影响力。"

"这个主意好，可以让咱们的农产品摆上更多市民的餐桌，走向全国！"高宇说，"这也是我们公司的优势。刘经理，这项工作还是让我们公司来做吧。"

"哈哈哈，我们也是这个想法，用客户喜闻乐见的方式，扩大销路、扩大影响！那就拜托你了！"

"太好了。交给我，您就放心吧。"高宇拍着胸脯答道，"我尽快写一份电商直播活动的策划书，咱们再探讨论证。"

"你想得周到，高宇，和你合作就是愉快。"

挂断电话，高宇就进入了思考状态，应该选择哪个平台、哪个主播进行直播合作呢？该确定一个什么主题呢？又该选择哪些农产品作为主打产品呢？

"新的挑战开始了！"高宇喃喃自语。然后，他对着手机屏幕反射出的自己，做了一个加油的手势。

例文借鉴 >>>>

东海农产品直播助农活动策划书

为响应国家扶贫助农要求，借助电商直播这一新兴销售业态，有效扩大东海市特色农产品的知名度，带动农产品销售，提高产品溢价能力，拟于7月7日举办"东海优品，品质放心"直播助农活动，策划方案如下：

一、活动背景

东海地区气候宜人、资源丰富、生态环境优越，盛产海参、带鱼、枇杷、桑葚等特色农产品。近年来，东海市依托良好的生态资源禀赋，大力发展绿色农业、特色产业，并依托龙头企业在特色农产品深加工上迈出了较大步伐，已逐步使农业成为全市的重要支柱产业之一。与此同时，特色农产品也面临着传统销路不畅、市场信息滞后、特色品牌不显等问题，急需开阔视野，将目光转向电商平台、直播带货这一新型销售业态上来，拓展特色农产品销路，助力东海地区农民脱贫致富。

二、活动主题

"东海优品，品质放心"直播助农活动

三、活动时间

2022年7月7日上午10：00－11：00

四、策划目标

1. 推介东海地区特色产品，扩大农产品销路，打造东海特色农产品品牌。

2. 提高东海特色农产品线上销售能力，引导一批年轻农民适应直播带货这种销售新业态，带动培育一批懂电商业务的新型农民。

五、直播平台

××电商平台。

六、直播人选

可从以下直播人气较高、有农产品带货意愿的主播中选择：

1. 董××，参考出场费××元；

2. 李××，参考出场费××元；

3. 王××，参考出场费××元。

七、活动准备

序号	事项	具体要求	实施时间	负责人
1	确定直播主播	与带货主播对接，确定合作意向，签订直播协议	6月22日前	李家友
2	确定直播商品	与东海特色农产品合作社对接，优选带货商品	6月22日前	王一佳
3	落实营销规划	确定直播农产品的价格、优惠力度、促销策略、售后服务等	6月24日前	王一佳
4	进行宣传预热	通过新闻媒体、公众号、直播平台等形式进行直播预报，营造声势	6月25日前	李家友
5	确定直播脚本	根据带货商品情况，与直播团队对接确定脚本	7月5日前	张成芳
6	进行直播预热	提前制作一段视频上传到直播账号进行预热	7月5日前	刘家华
7	进行直播彩排	直播演练，测试各个环节是否符合要求	7月6日前	张成芳

八、直播流程

序号	时间计划	直播流程
1	10:00—10:10	10分钟预热时间。直播打招呼，与粉丝互动，介绍直播主题，透露直播农产品
2	10:10—10:15	5分钟抽奖时间。烘托直播间氛围，制造紧张感，引导转发直播，预告下轮活动
3	10:15—10:30	15分钟产品介绍，讲解3~5种产品。展示特色农产品的品质、产地、口感等，发送购买链接
4	10:30—10:35	5分钟秒杀时间。拿出部分产品进行抢购，提升人气，引导流量
5	10:35—10:50	15分钟产品介绍。继续讲解3~5种产品。展示特色农产品的品质、产地、口感等，发送购买链接
6	10:50—11:00	10分钟结束时间。介绍东海农产品整体情况，回答粉丝咨询的商品问题，引导继续下单

九、活动预算

主播费用5万元，视频制作2万元，奖品赠品2万元，其他2万元，合计11万元。直播农产品成本、快递等费用另行核算。

十、直播问题及应对建议

1. 进直播间的停留时间太短。提升对弹幕的关注度，尽量和进场观众交流互动；适当增加优惠活动密度，随机抽粉丝送礼物、不定时抽奖。

2. 粉丝活跃度不高。安排限时秒杀、抽奖等活动。

3. 直播间进入人数较少。配合主播调动气氛，开展1~2波粉丝转发送优惠券等活动，吸引人气；提前与平台对接，保障引流渠道效果。

4. 观众购买率低。调整产品展现方式，增加趣味性；准备候选产品，根据情况及时调整；调整优惠活动方式，促进消费；展示产品保障及售后服务，增强信心。

新时代直播策划有限公司
2022年6月10日

简析：

这篇电商直播的活动策划书，内容详尽，层次清晰，依次列出了直播带货的背景、主题、目标、流程、预算等基本信息，各项准备妥当，考虑全面周到。尤其难能可贵的是，充分考虑了直播带货过程中的主要预期风险，明确了应急处置措施，更有利于保障活动的顺利实施，值得借鉴参考。

知识链接 >>>>

活动策划书是人们为了成功举办某项较大的活动而事先拟订的具有计划性的一种文书。要想使活动有序推进、有声有色、成功举行，一份有创意、可操作、周密周全的活动策划书是必不可少的。

策划书具有计划性、创意性、阐释性和可行性四个显著特点。

常见的活动策划书有新闻宣传活动、庆典会展活动、比赛竞赛活动、商务公益活动等类型。虽然各类型活动策划书的内容侧重点各有不同，但形式上都包括标题、正文、附件、落款四部分。

1. 标题 要尽可能具体地写出策划名称，如"××单位××活动策划书"，置于页面中央。为了突出主题，也可以用主标题+副标题的方式，主标题点明活动的主题，副标题标示活动单位、活动名称和文种名称。如："永远跟党走，共筑中国梦——××××学校庆祝建党百年系列活动策划书"。

2. 正文 一般由前言、主题说明、活动概况、宣传媒介、经费预算、应急措施、注意事项等几部分构成。

前言，一般简明扼要地介绍所策划活动的背景情况，说明举办该活动的意义，引出后面的具体策划内容。

主题说明，一般是对活动内容的高度概括，是整个策划的灵魂。可以是一句话、一句口号、一个短语，形式可以多样，但必须贴近受众心理。

活动概况，一般说明活动的目的、时间、地点、参与对象等信息。如果是产品推广等商业活动，还需说明活动开展的背景、市场调研结果等内容。

活动组织，是活动的具体组织过程，在表述方面要力求详尽，尽量考虑周全，避免出现遗漏。在表现方式上，则不局限于文字，也可适当加入统计图表、数据等，便于统筹。在具体内容上，主要是人员安排和相应权责、活动方式、现场布设、活动流程、资源需要等，应当尽量周密具体、可操作性强。

宣传媒介，列明需要借助的媒体，最好能够针对活动开展的对象，选取受众乐于接受的媒体平台和传播方式，以获得最佳的活动效应。同时，应充分考虑宣传媒体的需求，提供活动相关材料、宣传通稿等资料。

经费预算，要事先估计活动组织可能需要的各种支出，用清晰明了的形式列出。经费预算要合理、全面、留有余地。

应急措施，要充分考虑内外环境的变化可能给策划执行所带来的不确定因素，以及可能遇到的突发状况等，制定应急措施、应变程序。

注意事项，可以是流程安排之外的补充事项，也可以是对活动开展的一些原则性要求等。

3. 附件 有与策划相关的数据资料、问卷样本或其他背景材料，以附件的形式附在文后。

4. 落款 由署名和日期组成，放在策划书的结尾。内容比较复杂的策划书一般单独设计封面、目录等，其主要文字内容包括标题、策划者名称、策划书写作时间等，此类策划书的落款项也可省略。

写作导引 >>>>

写作提示：

1. 主题应单一

一份活动策划书一般只有一个主题，策划设计始终围绕这一主题来进行，尽量做到集中精简。

2. 创意应新颖

新颖的创意是策划书的核心。不仅"点子"创意新、内容表述新，表现手法也要新，不必拘泥于表格文字，尽量图文并茂。

3. 准备应充分

策划一个活动，必须充分地了解活动举办的已有条件和可能条件，做好调查研究，这样策划才可能更具有科学性和可操作性。

4. 策划应可行

策划书是行动计划书，对活动的一切细节都应设想到，并制定活动举办期间的各项应变措施，使之能够按"书"操作。

写作模式参考：

东海农产品直播助农活动策划书

（标题直接点明活动主题）

为响应国家扶贫助农要求，借助电商直播这一新兴销售业态，有效扩大东海市特色农产品的知名度，带动农产品销售，提高产品溢价能力，拟于7月7日举办"东海优品，品质放心"直播助农活动，策划方案如下：

（前言介绍活动目的、意义、基本情况）

一、活动背景

东海地区气候宜人，资源丰富，生态环境优越，盛产海参、带鱼、枇杷、桑葚等特色农产品。近年来，东海市依托良好的生态资源禀赋，大力发展绿色农业、特色产业，并依托龙头企业在特色农产品深加工上迈出了较大步伐，已逐步使农业成为全市的重要支柱产业之一。与此同时，特色农产品也面临着传统销路不畅、市场信息滞后、特色品牌不显等问题，急需开阔视野，将目光转向电商平台、直播带货这一新型销售业态上来，拓展特色农产品销路，助力东海地区农民脱贫致富。

（正文主体介绍活动背景、主题、时间、人员、实施、宣传、预算等情况。并专门对活动目标进行解读）

二、活动主题

"东海优品，品质放心"直播助农活动

三、活动时间

2022年7月7日上午10:00－11:00

四、策划目标

1. 推介东海地区特色产品，扩大农产品销路，打造东海特色农产品品牌。
2. 提高东海特色农产品线上销售能力，引导一批年轻农民适应直播带货这种销售新业态，带动培育一批懂电商业务的新型农民。

五、直播平台（略）

六、直播人选（略）

七、活动准备（略）

八、直播流程（略）

九、活动预算（略）

十、直播问题及应对建议（略）

（落款，注明活动组织方和策划书形成时间）

新时代直播策划有限公司
2022年6月10日

任务实施 >>>>

大家想一想，高宇接到新产品发布会策划书的任务后，应该如何确定策划目标呢？在设计新产品发布会流程时，有哪些需要注意的事项呢？以小组为单位，合作探究这些问题，然后参照例文帮助高宇写一份新产品发布会的策划书。

巩固练习 >>>>

1. 活动策划书的主体部分，一般由前言、主题说明、_____、_____、_____、_____、注意事项等构成。

2. 阅读下面的活动策划书，指出其内容和格式方面的不足之处并加以改正。

策划书

一、活动目的：推广×××产品，提高销量。

二、活动时间："3·15"消费者权益日

三、活动地点：××××广场入口处

四、活动经过：

1. 在××××广场入口处设置临时展台，安排促销人员6人。由于提前进行了业务培训、整体报酬较高，促销人员热情高涨、干劲十足。

2. 活动从上午9：00开始，利用××××广场人流量大的优势，广泛发放传单、现场讲解产品知识，整体宣传效果较好。

3. 现场设置了2块大屏，配备了音响设施，安排了临时饮水处，吸引消费者前来。

4. 与××媒体、××媒体合作，在《××晚报》进行了宣传造势。

五、活动结果：本次促销活动，共散发传单××份，吸引顾客×人，售出产品×份，扣除人员成本、产品成本××元，盈利××元。

3. （选作）职业院校一般每年都会举办各个专业的技能大赛，为广大职校学生提供了广阔的技能展示舞台。海阔凭鱼跃，天高任鸟飞。只要能力出众，就可以在校级、市级、省级乃至国家级的技能大赛中脱颖而出，赢得殊荣。为积极引导和有效促进同学们练好专业技能，请参照本校以往举办技能大赛的通知，为学校拟一份本专业技能大赛的活动策划书。

<<<< 微拓展 >>>>

《隆中对》——一份兴复汉室、统一天下的策划书

《隆中对》，是公元207年诸葛亮在刘备三顾茅庐时的谈话内容，选自《三国志·蜀志·诸葛亮传》。全文加标点符号不足350字，却是中国历史上有据可查的最早、最著名的一份策划书。之前的姜子牙、张良等人，都没有提出如此宏大、系统的策划，这在当时是非常了不起的。更难能可贵的是，刘备集团此后一直坚定不移地执行这一策划，最

终三分天下，建立了蜀汉政权。

那么，我们如何从策划书的角度，来理解这一千古奇文呢？简单来说，《隆中对》可以分为宏观形势、市场分析、发展目标、优势分析、行动策略、前景展望六个部分。

一是宏观形势。诸葛亮分析认为，当前的形势是天下大乱、豪杰并起，竞争模式也发生了变化，"非惟天时，抑亦人谋也"，肯定了人才的重要性。

二是市场分析。诸葛亮直接指出了已经稳坐"江山"市场上两把交椅的人物——曹操和孙权。曹操已经强大，"不可与争锋"；而孙权根基牢固，"可以为援而不可图"。

三是发展目标。诸葛亮指出了两个目标。目标之一：荆州乃用武之国，其主不能守，"此殆天所以资将军"；目标之二：益州乃天府之土，"智能之士思得明君"。这两个目标，一处是"用武之国"，一处是"高祖因之以成帝业"，不仅可以让刘备安身立命，而且都可以实现"匡扶汉室"的抱负。

四是优势分析。诸葛亮直接指出了刘备的四个优势。身份优势——"帝室之胄"，占领了道德的制高点；品牌优势——"信义著于四海"，具有大公无私的正面形象；实力优势——"总揽英雄"，初步具备了逐鹿中原的实力；理念优势——"思贤如渴"，深度切合乱世的竞争模式。

五是行动策略。诸葛亮为刘备策划的兴复汉室、夺取天下的具体攻略，共分为四招。第一，取得荆、益，建立根据地，与曹、孙三分天下；第二，利用声望，招揽人才，内修政理，增强实力；第三，处理好与西南少数民族的关系，与孙权建立抗曹联盟；第四，待机分兵两路，击宛城、洛阳，攻打秦川。这四招集合起来就是一个宏观的战略框架。综观后来历史进程，这一战略决策大体上是行之有效的。

六是前景展望。"诚如是，则霸业可成，汉室可兴矣"。如果这些条件都能达到，那么刘备的愿望就一定能够实现，汉王朝就可以重现辉煌。

刘备听了振奋不已，站起身来，拱手连连道谢，恳请诸葛亮出山。诸葛亮出山后，刘备视诸葛亮如师，按照"隆中对"所提出的方案，联孙抗曹，并先后占据了荆、益二州，最终自称汉皇帝，建立了蜀国，实现了诸葛亮"三分天下"的"策划"。

整篇《隆中对》，条理分明，结构完整；有依据，有分析，有目标，有策略、可实施。虽然不是典型的策划书格式，但却是一篇鞭辟入里、令人信服的战略策划。其分析之精准、规划之严密、结构之完整，堪称今天的商业项目策划、企业战略策划的鼻祖。

大意：

自从董卓作乱以来，四方豪杰纷纷起事，占据几个州郡的就数不尽。曹操同袁绍比起来，名望低兵力弱，然而曹操竟能战胜袁绍，转弱为强的原因，不只是时机好，而且也是靠人的谋划得当呀。现在曹操已拥有百万大军，挟持着皇帝来号令诸侯，这方面确实不能同他去争高低。孙权占有江东一带已经有了三代，地势险要，民众归附，贤能的人为他效力，这方面只可以同他结为外援却不可打他的主意。荆州北面依据汉水、沔水，往南直到沿海一带，东面与吴郡、会稽相连，西面通向巴郡、蜀郡，这是兵家必争的好地方，可是它的统治者却守它不住，这大概是上天用它来资助您建功立业的，将军是否有这种意图呢？益州地势险要，肥沃的田地一望无际，是天府之国，汉高祖曾经凭借它建立过帝业。益州牧刘璋昏庸懦弱，又有张鲁在他北面，虽然人口众多，物产丰富，但他不知爱抚百姓。那里有见识有才能的人都想望能有一个贤明的君主。您既然是皇家的后代，为人诚信讲义气，闻名于天下，又广泛地罗致贤才，求贤若渴，如能占有荆州、益州，守住那险要之处，再同西面和南面各民族搞好关系，对外同孙权结盟，对内把政事治理好；一旦天下形势有变化，就派出一员大将率领荆州的军队打到中原，您亲自带领益州的军队向秦岭以北的平原出兵，当地百姓谁能不用竹篮装着饭食，用提壶盛着酒浆来欢迎将军呢？果真如此，那么统一的大业就一定可以成功，汉朝帝室也就可以复兴了。

项目八学习评价

自我评价表

学习文种	评价要素	评价等级			
		优秀（五星）	良好（四星）	一般（三星）	待努力（三星以下）
介绍信	1. 掌握介绍信的构成要素。 2. 能正确修改介绍信的格式错误。 3. 能写作语言规范、格式完整的介绍信	☆☆☆☆☆			
合作意向书	1. 了解合作意向书的特点和构成要素。 2. 能区分合同与合作意向书的区别。 3. 能根据要求写作表意明确、格式完整的合作意向书	☆☆☆☆☆			
会议纪要	1. 了解、掌握会议纪要的文体特点和结构。 2. 掌握会议纪要的格式要求和写作规范。 3. 能修改会议纪要的常见错误，撰写规范的会议纪要	☆☆☆☆☆			
活动策划书	1. 了解、掌握活动策划书的特点和构成要素。 2. 能正确修改活动策划书内容方面的常见错误。 3. 能写作简单的活动策划书	☆☆☆☆☆			
项目学习整体评价	☆☆☆☆☆ （优秀：五星 \ 良好：四星 \ 一般：三星 \ 待努力：三星以下）				

附录：常用公文种类及例文

公务文书简称公文，有广义和狭义之分。广义的公文，是指党政机关、企事业单位、群众团体处理各种公务时使用的书面文字工具，不仅涵盖各种法定文种，也包括工作计划、工作总结、调查报告、领导讲话等非法定文种。狭义的公文，则专指党政机关按法定文种制发的公文。本附录中的"常用公文"即是狭义上的公文。

一、公文的定义与特点

2012年中共中央办公厅和国务院办公厅联合印发的《党政机关公文处理条例》（以下简称《条例》）规定，"党政机关公文是党政机关实施领导、履行职责、处理公务的具有特定效力和规范体式的文书，是传达贯彻党和国家的方针政策，公布法规和规章，指导、布置和商洽工作，请求和答复问题，报告、通报和交流情况等的重要工具。"

这一定义揭示了党政机关公文的三个特点：一是效力的法定性，公文的制发主体是党政机关，发布公文是党政机关行使法定职权的方式和途径，因此具有法定的权威性和效力；二是体式的规范性，公文制发具有完整的规范标准，文种、格式及制发流程都要按照国家规定执行；三是使用的工具性，公文是党政机关处理公务、管理国家、传递政策、表达意志的重要媒介，是公务管理的重要工具。

二、公文的种类及适用范围

《条例》第八条将公文分为15种，如表所示。

公文种类

序号	文种	适用范围
1	决议	适用于会议讨论通过的重大决策事项
2	决定	适用于对重要事项做出决策和部署、奖惩有关单位和人员、变更或者撤销下级机关不适当的决定事项
3	命令（令）	适用于公布行政法规和规章、宣布施行重大强制性措施、批准授予和晋升衔级、嘉奖有关单位和人员
4	公报	适用于公布重要决定或者重大事项
5	公告	适用于向国内外宣布重要事项或者法定事项
6	通告	适用于在一定范围内公布应当遵守或者周知的事项
7	意见	适用于对重要问题提出见解和处理办法
8	通知	适用于发布、传达要求下级机关执行和有关单位周知或者执行的事项，批转、转发公文
9	通报	适用于表彰先进、批评错误、传达重要精神和告知重要情况
10	报告	适用于向上级机关汇报工作、反映情况，回复上级机关的询问
11	请示	适用于向上级机关请求指示、批准

续表

序号	文种	适用范围
12	批复	适用于答复下级机关请示事项
13	议案	适用于各级人民政府按照法律程序向同级人民代表大会或者人民代表大会常务委员会提请审议事项
14	函	适用于不相隶属机关之间商洽工作、询问和答复问题、请求批准和答复审批事项
15	纪要	适用于记载会议主要情况和议定事项

根据行文方向，公文一般可分为上行文、下行文和平行文三类，其各自所包含的文种参见图1。公文中比较特殊的是"意见"，既可以作为上行文，也可以作为下行文，还可以作为平行文。

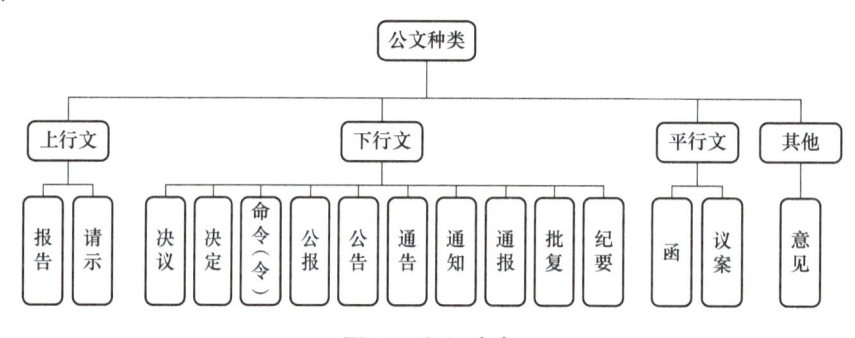

图1 公文种类

（公文种类分为：上行文——报告、请示；下行文——决议、决定、命令（令）、公报、公告、通告、通知、通报、批复、纪要；平行文——函、议案；其他——意见）

三、常见的公文种类及例文

（1）**决定**：适用于对重要事项做出决策和部署、奖惩有关单位和人员、变更或者撤销下级机关不适当的决定事项。

决定一般可分为三类。一是部署性决定，用来部署某项重要工作。如：《国务院关于加快发展现代职业教育的决定》。二是知照性决定，用于设置机构、安排人事、公布重要事项等。如：《全国人民代表大会常务委员会关于设立国家宪法日的决定》。三是奖惩性决定，既可以对一些事迹突出、有典型意义的先进个人或集体进行表彰，也可以对一些影响较大、群众关心的事故、错误行为进行处理。如：《中共中央关于授予"七一勋章"的决定》。

【例文1】

全国人民代表大会常务委员会关于设立国家宪法日的决定

（2014年11月1日第十二届全国人民代表大会常务委员会第十一次会议通过）

1982年12月4日，第五届全国人民代表大会第五次会议通过了现行的《中华人民共和国宪法》。现行宪法是对1954年制定的新中国第一部宪法的继承和发展。宪法是国家的根本法，是治国安邦的总章程，具有最高的法律地位、法律权威、法律效力。全面贯彻实施宪法，是全面推进依法治国、建设社会主义法治国家的首要任务和基础性工作。全国各族人民、一切国家机关和武装力量、各政党和各社会团体、各企业事业组织，都必须以宪法为根本的活动准则,并且负有维护宪法尊严、保证宪法实施的职责。任何组织或者个人都不得有超越宪法和法律的特权,一切违反宪法和法律的行为都必须予以追究。为了增强全社会的宪法意识,弘扬宪法精神,加强宪法实施,全面推进依法治国,第十二届全国人民代表大会常务委员会第十一次会议决定:

将12月4日设立为国家宪法日。国家通过多种形式开展宪法宣传教育活动。

(选自中国人大网)

(2)**通报**:适用于表彰先进、批评错误、传达重要精神和告知重要情况。

通报一般分为三种类型。一是表彰类通报,用于表彰个体或集体的先进人物。如:《国务院关于表扬全国"两基"工作先进地区的通报》。二是批评类通报,用于批评犯错误的个人或群体。如:《关于对潢川高级中学落实疫情防控工作不力问题的通报》。三是情况类通报,用于将重要精神或重要情况传达给下级机关。如:《国务院办公厅关于全国互联网政务服务平台检查情况的通报》。

【例文2】

贵州省教育厅
关于2022年贵州省中等职业学校优秀毕业生评选结果的通报

各市(州)教育局,省属中等职业学校、有关高职院校:

根据《中等职业学校学生学籍管理办法》(教职成〔2010〕7号)、《贵州省中等职业学校三好学生、优秀学生干部、优秀毕业生和先进班集体评选办法》(黔教学发〔2018〕170号)要求,各级各单位认真组织开展了2022年贵州省中等职业学校优秀毕业生评选推荐工作。经各级各单位评选、推荐,省教育厅组织评审并公示无异议后,决定对1703名优秀毕业生予以表彰(名单见附件),各级各单位可按有关规定根据实际情况进行奖励。

评选出的优秀毕业生是我省中等职业学校的优秀代表,集中体现了当代青年学生积极、健康、向上的精神风貌,希望广大学生以他们为榜样,坚定政治方向、明确奋斗目标、践行社会主义核心价值观、勤奋学习、深入实践、健康成长,树立正确的集体观和荣誉感,努力成为德智体美劳全面发展的中国特色社会主义事业建设者和接班人。

各单位要深入学习党的十九次六中全会精神和省十三次党代会精神,大力宣传他们的先进事迹,加强对学生的思想政治教育,促进学生全面发展,推动学校高质量发展,以优异的成绩喜迎党的二十大胜利召开。

附件:2022年贵州省中等职业学校优秀毕业生名单(略)

贵州省教育厅
2022年7月20日
(选自贵州省教育厅网)

（3）报告： 适用于向上级机关汇报工作、反映情况，回复上级机关的询问。

报告主要有三种类型。一是工作报告。用于汇报工作进展、总结工作经验、反映工作问题、提出工作意见。如：《延安市人民政府关于全市职业教育工作情况的报告》。二是情况报告。对工作中的重大情况、特殊情况、新情况进行调查了解后，向上级做出的报告。如：《××××学校关于七名学生体温异常情况的报告》。三是答复报告。答复上级机关的查询、提问或汇报执行某项指示、意见的结果的报告。如：《××市教育局关于第××号领导批办件办理情况的报告》。

【例文 3】

延安市人民政府关于全市职业教育工作情况的报告

——2021 年 5 月 24 日在市五届人大常委会第三十五次会议上

延安市教育局局长　王文涛

市人大：

受市政府委托，现就我市职业教育工作情况报告如下：

一、基本情况（略）

二、主要工作措施

近年来，我市坚持把职业教育摆在教育改革创新和经济社会发展中更加突出的位置，完善职业教育体系，优化专业布局，加快职业教育改革步伐，职业教育办学质量和办学效益得到大幅提升。

（一）坚持政府主导。（略）

（二）扩大办学规模。（略）

（三）狠抓思政教育。（略）

（四）提升教育质量。（略）

（五）开展技能培训。（略）

（六）加强合作交流。（略）

三、存在主要问题

我市职业教育虽然取得了一定发展，但从新形势下对职业教育的发展要求来看，主要存在三方面问题。（略）

四、今后工作打算

下一步，市政府将认真贯彻落实全国职业教育大会精神，继续扎实推进职业教育发展，强化统筹协调，加强部门联动，努力办好职业教育。（略）

延安市教育局
2021 年 5 月 24 日
（摘自陕西省延安市人大网）

（4）**请示**：适用于向上级机关请求指示、批准。

主要分为两大类：一是请求指示类请示。请求上级机关对工作中遇到的问题给予指示、指导，告知怎么办。如：《××市教育局关于办理××××工作的请示》。二是请求批准类请示。请求上级机关就某一问题或事项予以批准或表明态度，告知行不行。如：《遂平县教育局关于遂平县职业教育中心开设幼儿保育专业的请示》。

【例文4】

遂平县教育局关于遂平县职业教育中心开设幼儿保育专业的请示

驻马店市教育局：

根据《教育部关于印发〈职业教育专业目录（2021年）〉的通知》（教职成〔2021〕2号）和《河南省教育厅办公室关于做好2021年度中等职业学校拟招生专业申报工作的通知》（教办职成〔2021〕54号）等文件精神，结合区域经济发展需要和学校实际，我局组织有关专家对遂平县经济社会发展状况和未来人才需求情况进行了充分调研，聘请行业企业专家对县职业教育中心开设幼儿保育专业的可行性进行了研究讨论，经认真考察、充分认证，我局认为，遂平县职业教育中心已经具备开设幼儿保育专业条件，特提出申请。

妥否，请批复。

附：遂平县职业教育中心关于开设幼儿保育专业的可行性论证报告

遂平县教育局
2021年3月29日

（联系人：×××；联系电话：×××××××××××）

（摘自遂平县人民政府网，有删改）

（5）**意见**：适用于对重要问题提出见解和处理办法。

意见使用时，既可以针对"面"上的工作，如《中共中央办公厅 国务院办公厅关于推动现代职业教育高质量发展的意见》；也可以针对"点"上的工作，如《教育部关于大力加强中小学教师培训工作的意见》。发文机关既可以是党中央、国务院，也可以是基层单位或部门。

【例文5】

中共中央办公厅 国务院办公厅
关于推动现代职业教育高质量发展的意见

职业教育是国民教育体系和人力资源开发的重要组成部分，肩负着培养多样化人才、传承技术技能、促进就业创业的重要职责。在全面建设社会主义现代化国家新征程中，职业教育前途广阔、大有可为。为贯彻落实全国职业教育大会精神，推动现代职业教育高质量发展，现提出如下意见。

一、总体要求

（一）指导思想。（略）

（二）工作要求。（略）

（三）主要目标。（略）

二、强化职业教育类型特色

（四）巩固职业教育类型定位。因地制宜、统筹推进职业教育与普通教育协调发展。加快建立"职教高考"制度，完善"文化素质＋职业技能"考试招生办法，加强省级统筹，确保公平公正。加强职业教育理论研究，及时总结中国特色职业教育办学规律和制度模式。

（五）推进不同层次职业教育纵向贯通。（略）

（六）促进不同类型教育横向融通。（略）

三、完善产教融合办学体制

（七）优化职业教育供给结构。（略）

（八）健全多元办学格局。（略）

（九）协同推进产教深度融合。（略）

四、创新校企合作办学机制

（十）丰富职业学校办学形态。（略）

（十一）拓展校企合作形式内容。（略）

（十二）优化校企合作政策环境。（略）

五、深化教育教学改革

（十三）强化双师型教师队伍建设。（略）

（十四）创新教学模式与方法。（略）

（十五）改进教学内容与教材。（略）

（十六）完善质量保证体系。（略）

六、打造中国特色职业教育品牌

（十七）提升中外合作办学水平。（略）

（十八）拓展中外合作交流平台。（略）

（十九）推动职业教育走出去。（略）

七、组织实施（略）

中共中央办公厅

国务院办公厅

2021年7月31日

（摘自教育部网）

（6）函：适用于不相隶属机关之间商洽工作、询问和答复问题，请求批准和答复审批事项。

函，按内容可分为四类。一是申请函，向无隶属关系的有关主管部门请求帮助、配合或批准。如：《××市教育局关于申请办公用房维修资金的函》。二是商洽函，用于请求协助、商洽解决办理某一问题的函。如：《湖州市人民政府关于商请支持设立浙江湖州人力资源服务产业园的函》。三是询问函，不相隶属机关之间询问问题、征求意见。如：《教育部办公厅关于征求对新版〈中等职业学校专业目录〉意见的函》。四是答复函，不相隶属机关之间相互答复事项或答复申请函。如：《教育部关于同意中国石油大学胜利学院转设为山东石油化工学院的函》。

函，也可按行文方向分为去函和复函两种。如上述四类函件中的前三类都属于去函，第四类属于复函。

【例文6】

教育部关于同意中国石油大学胜利学院转设为山东石油化工学院的函

教发函〔2021〕5号

山东省人民政府：

《山东省人民政府关于申请将中国石油大学胜利学院转设为山东石油化工学院的函》（鲁政字〔2019〕211号）、《山东省人民政府关于将中国石油大学胜利学院转设为省属公办本科高校的函》（鲁政字〔2020〕264号）收悉。

根据《中华人民共和国高等教育法》《普通本科学校设置暂行规定》《关于加快推进独立学院转设工作的实施方案》有关规定以及第七届全国高等学校设置评议委员会评议结果，经教育部党组会议研究决定，同意中国石油大学胜利学院转设为山东石油化工学院，学校标识码为4137013386；同时撤销中国石油大学胜利学院的建制。现将有关事项函告如下：

一、山东石油化工学院系独立设置的本科层次公办普通高等学校，由你省负责领导和管理。

二、学校要切实加强党的建设，全面贯彻党的教育方针，坚持社会主义办学方向，落实立德树人根本任务，培养德智体美劳全面发展的社会主义建设者和接班人。

三、学校定位于应用型高等学校，主要培养区域经济社会发展所需要的高素质应用型、技术技能型人才。

四、我部将适时对学校办学定位、办学条件、办学行为和人才培养质量等情况进行检查。

望你省加强对学校的指导和支持，加大资源投入力度，引导学校科学定位、内涵发展，改善和优化学科专业，加强教师队伍建设，不断提高教学科研和治理水平，更好地为区域经济社会发展服务。

教育部

2021年1月25日

（摘自教育部网）

四、公文基本格式

1. 格式要求

《条例》第十条指出,"公文的版式按照《党政机关公文格式》国家标准执行。"这里的"国家标准",指的是国家标准《党政机关公文格式》(GB/T 9704—2012)(以下简称"标准格式")。

根据《条例》和"标准格式"要求,公文用纸幅面采用国际标准A4型,公文用纸天头(上白边)为37 mm±1 mm,公文用纸订口(左白边)为28 mm±1 mm,版心尺寸为156 mm×225 mm。具体可参考图2。

天头:上白边 37mm±1mm

右白边 26mm±1mm

左白边 28mm±1mm

版心(长度):225mm

版心:156mm×225mm

用纸:标准A4型 210mm×297mm

版心(宽度):156mm

下白边 35mm±1mm

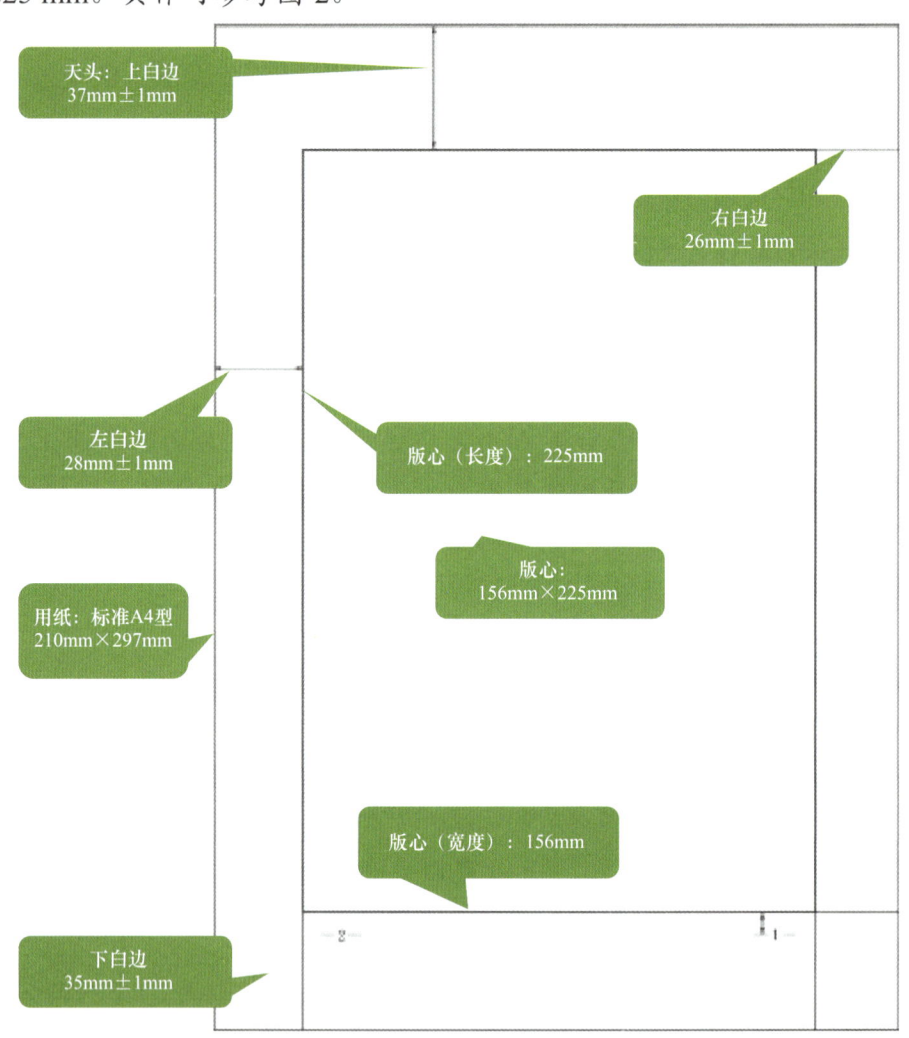

图2　公文标准格式尺寸

版心内的公文格式各要素划分为版头、主体、版记三部分。公文首页红色分隔线以上的部分称为版头;公文首页红色分隔线(不含)以下、公文末页首条分隔线(不含)以上的部分称为主体;公文末页首条分隔线以下、末条分隔线以上的部分称为版记。

公文一般由份号、密级和保密期限、紧急程度、发文机关标志、发文字号、签发人、标题、主送机关、正文、附件说明、发文机关署名、成文日期、印章、附注、附件、抄送机关、印发机关和印发日期、页码等组成。具体参见图3。

份号、密级和保密期限、紧急程度：占3行，涉密文件或紧急办件时标注

发文机关标志：一般由发文机关全称或者规范化简称加"文件"二字组成

发文字号：由发文机关代字、年份、发文顺序号组成。年份用六角括号；编号不加第，不编虚位

主送单位：公文的主要受理机关，在标题下空一行、居左顶格；回行后仍顶格

标题：由发文机关名称、事由和文种组成。在分割线下第三行居中排列，用小标宋2号字体

正文：公文的主体，用来表述公文的内容。用仿宋3号字体。公文首页必须显示正文

附件说明：在正文下空一行左空二字编排"附件"二字，后标全角冒号和附件名称，附件名称后不加标点符号。回行时，与附件名称首字对齐

发文机关署名、成文日期和印章：成文日期一般右空四字编排，用阿拉伯数字将年、月日标全，年份用全称，月、日不编虚位；发文机关署名在成文日期之上，以成文日期为准居中编排；印章端正、居中下压发文机关署名和成文日期

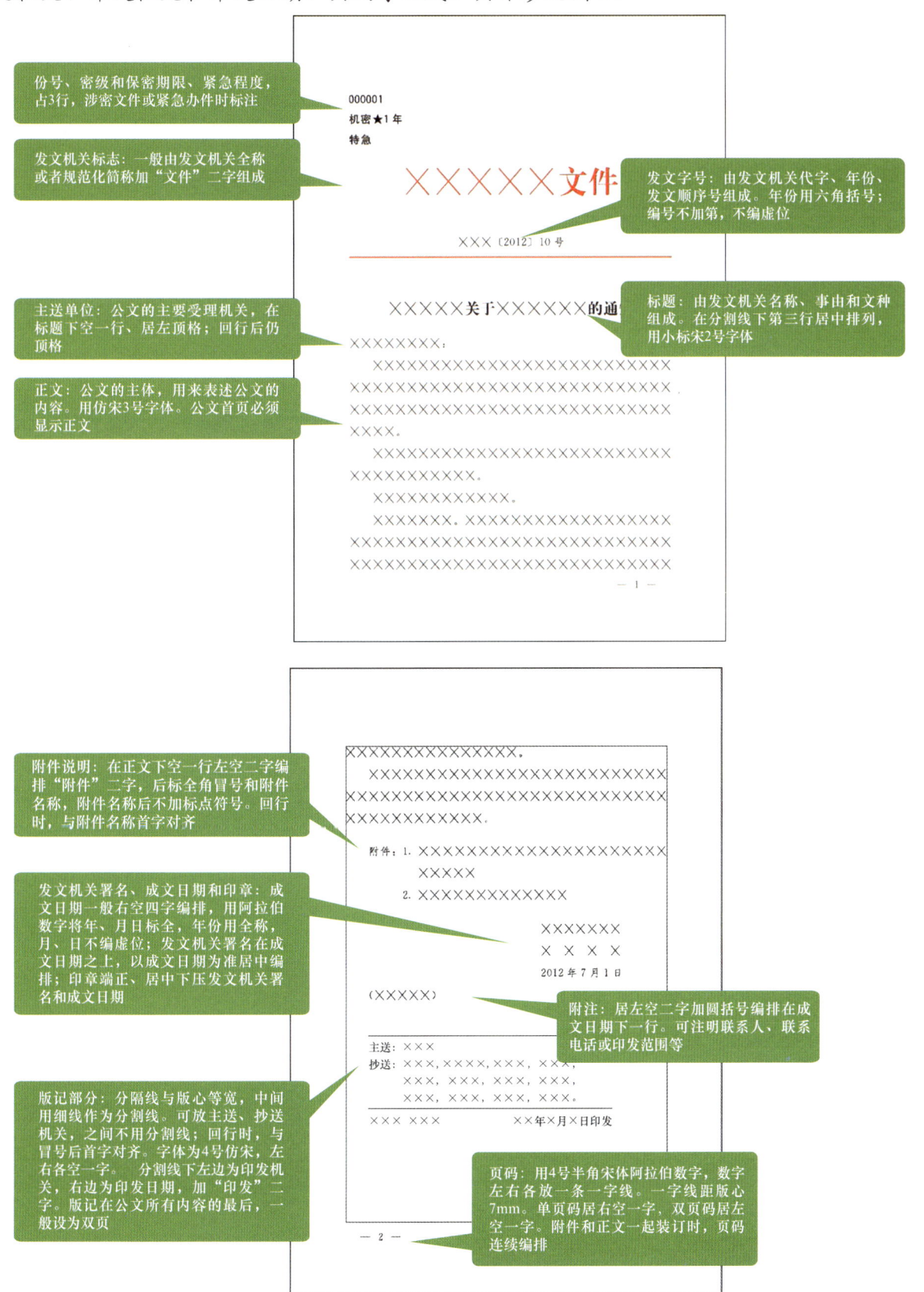

附注：居左空二字加圆括号编排在成文日期下一行。可注明联系人、联系电话或印发范围等

版记部分：分隔线与版心等宽，中间用细线作为分割线。可放主送、抄送机关，之间不用分割线；回行时，与冒号后首字对齐。字体为4号仿宋，左右各空一字。 分割线下左边为印发机关，右边为印发日期，加"印发"二字。版记在公文所有内容的最后，一般设为双页

页码：用4号半角宋体阿拉伯数字，数字左右各放一条一字线。一字线距版心7mm。单页码居右空一字，双页码居左空一字。附件和正文一起装订时，页码连续编排

图3　公文组成要素及排版规范要求

2. 注意事项

（1）公文版面。一般每面排22行，每行排28个字，并撑满版心，行距约为28.5磅；特定情况可以做适当调整。公文应当左侧装订。

（2）发文字号。编排在发文机关标志下空二行位置，居中排布。年份、发文顺序号用阿拉伯数字标注；年份应标全称，用六角括号"〔〕"括入；发文顺序号不加"第"字，不编虚位（即1不编为01），在阿拉伯数字后加"号"字。

（3）公文标题。一般用2号小标宋体字，编排于红色分隔线下空二行位置，分一行或多行居中排布；回行时，要做到词意完整，排列对称，长短适宜，间距恰当，标题排列应当使用梯形或菱形。

（4）公文正文。公文首页必须显示正文。一般用3号仿宋体字，编排于主送机关名称下一行，每个自然段左空二字，回行顶格。文中结构层次序数依次可以用"一、""（一）""1.""（1）"标注；一般第一层用黑体字、第二层用楷体字、第三层和第四层用仿宋体字标注。如图4所示。

> 一、我是一级标题，用3号黑体
>
> 　　我是正文，用3号仿宋字体。正文用3号仿宋字体。正文用3号仿宋字体。正文用3号仿宋字体。
>
> 二、我是一级标题，用3号黑体
>
> 　（二）我是二级标题，用3号楷体
>
> 　1. 我是三级标题，用3号仿宋字体。
>
> 　（1）我是四级标题，用3号仿宋字体

图4　公文字体要求

（5）日期数字。成文日期、印发日期中的数字，均使用阿拉伯数字，将年、月、日标全，年份应标全称，月、日不编虚位（即1不编为01）。

（6）附件格式。附件应当另面编排，并在版记之前，与公文正文一起装订。"附件"二字及附件顺序号用3号黑体字顶格编排在版心左上角第一行。附件标题居中编排在版心第三行。附件顺序号和附件标题应当与附件说明的表述一致。附件格式要求同正文。如图5所示。

附件：另页编排；用3号黑体字首行顶格编排，无冒号

附件标题：附件标题居中编排在版心第三行，用2号小标宋字体。附件标题应当与附件说明的表述一致

附件正文：格式要求与正文要求一致

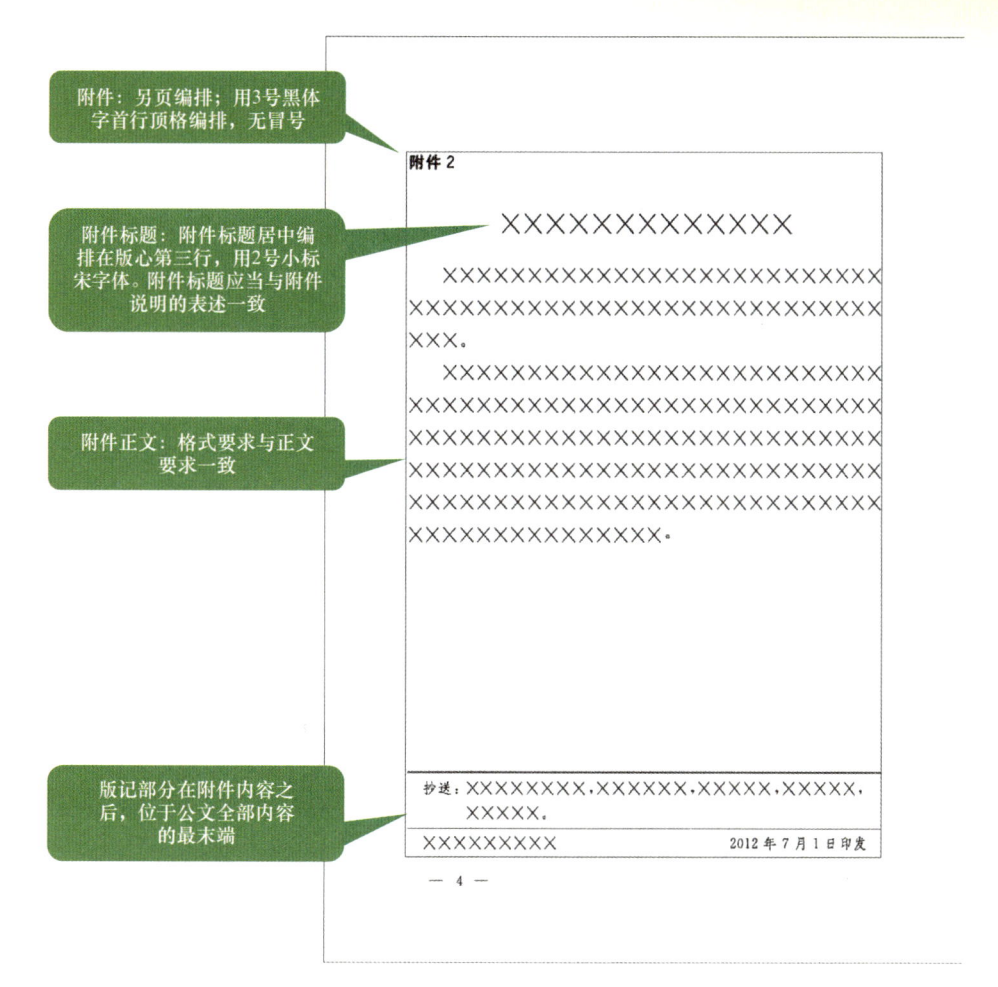

版记部分在附件内容之后，位于公文全部内容的最末端

图5　附件格式

参 考 文 献

[1] 中华人民共和国教育部. 中等职业学校语文课程标准（2020年版）[S]. 北京：高等教育出版社，2020.

[2] 孙宝水. 应用文写作 [M]. 北京：人民教育出版社，2010.

[3] 杨文丰. 高职应用写作 [M]. 北京：高等教育出版社，2022.

[4] 张金英. 应用文写作基础 [M]. 北京：高等教育出版社，2008.

[5] 黄高才. 常见应用文写作暨范例大全 [M]. 北京：中国人民大学出版社，2012.

[6] 葛虹，刘润平. 新编应用文写作 [M]. 北京：电子工业出版社，2015.